17 Geheimnisse meisterhafter Rekrutierung

von John Kalench

John Kalench:
„17 Geheimnisse meisterhafter Rekrutierung"

ISBN 3-902114-11-8

Titel der amerikanischen Originalausgabe:
„17 Secrets of the Master Prospectors"
Aus dem Amerikanischen übersetzt von Jürgen Schilling

Dt. Erstausgabe Oktober 2003

Herausgegeben von:
MLM Training GmbH
Fachverlag und Trainingsinstitut
für Network Marketing und Direktvertriebe
6424 Silz, Austria
www.mlm-training.com

in Memoriam John Kalench
1944 - 2000

Printed in Europe
Schrift- und Umschlagdesign von Jim Benson
Layout der dt. Ausgabe Visual Productions, Austria

Ich widme dieses Buch dir, Vater -
du bist ein Meister erster Klasse.
Wo du jetzt bist, kannst du sicherlich sehen,
wie sehr ich dich vermisse.
Obwohl du von uns gegangen bist,
wirst du mir immer eine Leuchte sein.
Alles, was ich bin und jemals sein werde,
schulde ich dir und Mama.
Bis wir uns wieder in den Arm nehmen,
bleibe ich dein dich liebender Sohn
und bester Schüler!

INHALT

DANKSAGUNG

Ich möchte Master JMF (John Milton Fogg) danken für sein kreatives Genie und seine unermüdliche Unterstützung dieses Projekts. Außerdem möchte ich Jim Benson für die Buchgestaltung danken und für seine meisterhafte Korrektur.

An Jeff, Tom und Bernabe – Freunde und ehemalige Gefährten im MLM: Ihr habt sowohl mein Berufs- als auch mein Privatleben außerordentlich bereichert. Als Person vermisse ich unsere Kameradschaft, aber als Profi möchte ich euren Mut würdigen, dem eigenen Weg zur Meisterschaft zu folgen!

Einführung

Möchten Sie wirklich zum Meisterrekrutierer werden?

Menschen zu rekrutieren ist der Pulsschlag unserer Branche. Wie Sie wissen, kann man im Network-Marketing ohne gutes, gesundes Blut nicht überleben, geschweige denn *gedeihen*.

In Bezug aufs Rekrutieren kann man die Network-Marketer weltweit in drei Kategorien einteilen:

Kategorie 1: *Diejenigen, die gerne rekrutieren*. Es macht ihnen Spaß und geht ihnen leicht von der Hand. Diese Kategorie denkt nicht viel darüber nach. Sie rekrutiert wie selbstverständlich und ohne sich groß Mühe zu geben. Die Menschen dieser Kategorie sind auf dem besten Weg zum Meisterrekrutierer!

Kategorie 2: *Diejenigen, die nicht so gerne rekrutieren, es aber trotzdem tun*. Das Rekrutieren gehört nicht zu den Lieblingsbeschäftigungen der Menschen dieser Kategorie – sie finden es genauso lustig wie einen Besuch beim Zahnarzt. Aber obwohl es ihnen schwer fällt, tun sie es trotzdem. Schließlich sind sie nämlich voll und ganz auf ihren Erfolg konzentriert, und sie sind bereit, alles dafür zu tun. Interessanterweise entdecken diese Menschen schnell: Je mehr sie rekrutieren, desto besser werden sie dabei, und nach und nach fängt es an, ihnen Spaß zu machen. In der Folge steigen sie schon bald auf in Kategorie 1.

Kategorie 3: *Diejenigen, die sehr ungern rekrutieren.* Der Gedanke, andere rekrutieren zu müssen, gefällt den Leuten dieser Kategorie genauso wenig wie denen der Kategorie 2 – sie haben manchmal regelrecht Angst davor. Und wem Zweck und Ziel des Network-Marketings nicht klar oder wichtig genug ist, der tut auch nicht viel dafür. Das Ergebnis ist, dass Erfolg auch weiterhin ein Geheimnis für sie bleibt.

Ich kann nicht wissen, in welche Kategorie Sie gehören. Aber ich gehe davon aus, dass Sie auf jeden Fall die Geheimnisse meisterhafter Rekrutierung lernen möchten und wie man ein Network-Marketing-Geschäft aufbaut. Es gibt wohl kaum andere Gründe, dieses Buch in die Hand zu nehmen – oder?

Dieses Buch wird Ihnen helfen, aus Rekrutieren das Beste zu machen, was Sie daraus machen können.

Vielleicht wollen Sie einen ersten Schritt tun, um die anfänglichen Zweifel und die Angst vorm Rekrutieren zu überwinden. Oder vielleicht wollen Sie nur Ihre Fähigkeiten weiterentwickeln und polieren, bis Sie selbst die Meisterschaft erlangt haben. Dieses Buch wird Ihnen gute Dienste leisten - egal, wo Sie derzeit stehen!

Der Lehrer als Schüler

Sie werden von mir immer wieder hören, dass ich mich auch als Lehrer noch immer als Schüler betrachte. Ich habe nicht nur 14 Jahre Erfahrung in dieser Branche, sondern ich durfte auch von einigen der allerbesten Network-Marketer lernen. Von allem, was die Meister dieser Branche zu bieten haben, habe ich das Beste ausgewählt. Ich habe gelernt, das nachzuahmen, zu kopieren und zu spiegeln, was diese Menschen zum Erfolg geführt hat. Außerdem weiß ich inzwischen, wie man das alles optimal verpacken und präsentieren muss, damit die meisten Menschen es leicht verstehen und praktisch umsetzen können – und ich wünsche mir, Ihnen damit jahrelanges Herumprobieren zu ersparen.

Der Sinn dieses Buches ist demnach, Ihnen die *bewährten Prinzipien* der Meisterrekrutierer des Network-Marketings näher zu bringen – also keine Luftschlösser und keine heiße Luft. Sie sind schließlich keine Puppe im Crashtest! Und Sie sind auch nicht daran interessiert, an irgendeinem „Experiment" mitzuwirken. Diese Geheimnisse funktionieren tatsächlich! Und ich verspreche Ihnen hiermit, dass sie auch bei *Ihnen* funktionieren werden, wenn Sie sie kontinuierlich anwenden.

Wahrhaftigkeit ist meine Politik

Ach so..., ich möchte gleich noch etwas klären. So geheim sind die Geheimnisse eigentlich nicht. Die Meisterrekrutierer, die ich im Laufe der Jahre studiert und mit denen ich gearbeitet habe, haben keine Geheimnisse. Es macht ihnen vielmehr *Spaß*, anderen haargenau zu erklären, was bei ihnen funktioniert und wie – auch das ist mit ein Grund, weshalb man sie so sehr respektiert.

Warum also von Geheimnissen sprechen, fragen Sie jetzt vielleicht? Damit Sie dieses Buch in die Hand nehmen und ein wenig darin schmökern. Das ist eine der Lektionen von Geheimnis Nr. 13: **Meisterrekrutierer wissen, wie man Ziele erreicht**. Vielleicht haben Sie es ja schon erraten: In dem Geheimnis geht es um Werbung und darum, wie wichtig es ist, seine Zielgruppe ins Visier zu nehmen. Werbung – wenn sie gut ist – vermittelt die richtige Information genau an die richtigen Leute.

Die Aussage, in diesem Buch seien 17 Geheimnisse enthalten, hat Sie dazu veranlasst – noch ehe Sie dieses Buch in die Hand genommen haben – es für etwas Besonderes und Einzigartiges zu halten; ein Buch, in dem etwas steht, das Sie in anderen Büchern nicht finden können. Es hat also funktioniert, oder? Gut!

Ich habe nämlich ein unerschütterliches Vertrauen in dieses Buch. Ich weiß, es wird Ihnen alles geben, was Sie sich davon erhoffen – und noch viel mehr. Also suggerierte ich, was ich suggerieren musste (und was Sie auch unbedingt *hören* wollten), damit Sie dies alles selbst entdecken können. Und wenn Sie die Geheimnisse in sich aufnehmen, werden Sie das auch!

Also zurück zum Thema – rekrutieren!

Sich wohl fühlen

Das gesamte Buch will Ihnen dabei helfen, *sich beim Rekrutieren immer wohler zu fühlen*; so sehr, dass es - falls Rekrutieren für Sie bisher keine natürliche Fähigkeit war - das nach Lektüre dieses Buches sicherlich sein wird.

Vor vielen Jahren hatte ich einen Mentor – ein Meister – der mir die folgende, äußerst wichtige und ermutigende Botschaft vermittelte:

> *Die Geschwindigkeit, mit der wir die Dinge manifestieren, die wir realisieren wollen, ist umgekehrt proportional zur Geschwindigkeit, mit der wir uns mit diesen Dingen wohl fühlen.*

Sind Sie auch der Meinung, dass die meisten Menschen nicht an dem Punkt in ihrem Leben angelangt sind, an dem sie sich gerne befänden?

Und das liegt nicht daran, dass sie nicht dort sein könnten, wo sie sein wollen – sie fühlen sich nur noch nicht wohl dabei, entsprechend zu denken und zu empfinden!

Wie Sie ja wissen, folgen unsere Handlungen unserem Denken und Fühlen. Solange wir uns bei etwas, das wir sein, tun oder haben möchten, noch nicht so wohl fühlen (bei der Vorstellung davon), wird uns unser Denken von diesen Zielen abhalten. Ist Ihnen auch schon mal aufgefallen, wie oft man das, wovon man doch so sehr träumt, auf irgendeine Zukunft verschiebt? Meist liegt es daran, dass man sich mit seinen Träumen *heute* nicht wohl fühlt.

Und genau aus diesem Grund sind die meisten Network-Marketer keine Meisterrekrutierer. Nicht, weil sie nicht fähig wären oder nicht danach streben. Sie fühlen sich lediglich nicht ganz wohl bei dem Gedanken oder Gefühl, Meisterrekrutierer zu sein!

Dieses Buches will *Sie also zunächst dabei unterstützen, sich bei dem Gedanken wohl zu fühlen.*

Wie kommt man dahin, sich bei einem Gedanken wohl zu fühlen? Indem man sich ausreichend Wissen verschafft und sich sicher genug fühlt, um es auszuprobieren. Und wenn man schließlich genug getan und ausreichende Resultate erzielt hat? Dann weiß man: Was man tut, funktioniert – und dann fühlt man sich wohl.

Sie können mir glauben: Was Sie aus diesem Buch lernen, *funktioniert.* Und es wird Ihr Leben für immer verändern. Die hier dargestellten Einsichten und Techniken haben sich in der Praxis bewährt – dort wo es drauf ankommt – und zwar immer und immer wieder; das haben die Meisterrekrutierer des Network-Marketings bewiesen.

Kompetenz untermauert Vertrauen, und es ist mein Job, Ihnen mit diesem Buch dabei zu helfen, ein kompetenter Rekrutierer zu werden. Wenn Sie das sind – und die meisten von Ihnen werden sehr viel weniger Zeit dazu brauchen, als sie momentan denken – dann haben Sie das Vertrauen, das Sie brauchen, um sich beim Rekrutieren auch wirklich wohl zu fühlen. Und schon bald sind Sie auf bestem Wege zum Meisterrekrutierer.

Ein Gefühl dafür bekommen

Natürlich ist Rekrutieren auch eine Kunst und eine kreative Sache, wie alle anderen Formen des Ausdrucks – z. B. Musik, Malerei oder Tanz. Es hat weit mehr mit Gefühl als mit Tatsachen zu tun. Hier der Schlüssel: Achten Sie beim Lesen darauf, wobei Sie sich wohl fühlen, was in Ihren Augen richtig ist und was gut klingt.

Weshalb? Weil Beinarbeit nötig ist. Ich habe gesucht, gefunden und die 17 Geheimnisse meisterhafter Rekrutierung entdeckt. Lesen Sie sie immer wieder. Nach der Schilderung der einzelnen Geheimnisse haben Sie jeweils Gelegenheit, die Handlungsschritte zu definieren, mit denen Sie das Geheimnis meistern wollen. Wenn Sie wirklich zum Meisterrekrutierer werden möchten, sollten Sie die Schritte festlegen, die Sie dorthin bringen. Ihre Antworten auf die Fragen am Ende der Kapitel formen Ihre persönliche Anleitung, wie Sie zum meisterhaften Rekrutierer werden.

Achten Sie beim Lesen also darauf, wobei Sie sich wohl fühlen, was in Ihren Augen richtig ist und was gut klingt. Lauschen Sie den Ideen, die in Ihrem wundervollen Kopf auftauchen. Achten Sie darauf, alle Handlungsschritte aufzuschreiben, die Sie für nötig halten, um das jeweilige Geheimnis zu meistern – und handeln Sie danach! Denn dann werden Sie vom kosmischen „Präzessionsgesetz" unterstützt – und das ist recht wirkungsvoll. (In Geheimnis Nr. 1 erfahren Sie alles über das „Präzessionsgesetz".)

Ach ja, noch etwas: Damit man dieses Buch versteht, seine Freude daran hat und davon profitiert, muss man es nicht Zeile für Zeile und von Anfang bis Ende durchlesen. (Hoffentlich *wollen* Sie es ganz durchlesen, und es gefällt Ihnen so sehr, dass Sie es nicht zur Seite legen können!) Es wurde so konzipiert, dass man die 17 Geheimnisse willkürlich durchnehmen kann – wie 17 einzelne Bücher in einem Band. Stöbern Sie also ruhig, und picken Sie sich die Geheimnisse heraus, die Sie am meisten interessieren. Vergessen Sie allerdings nicht, die jeweiligen Handlungsschritte am Kapitelende durchzuführen!

Lassen Sie nichts aus

Vielleicht interessieren Sie ein oder zwei Geheimnisse nicht besonders – womöglich fühlen Sie sich nicht so wohl dabei oder finden sie eher unattraktiv. Das ist in Ordnung. Aber jetzt erzähle ich Ihnen ein zusätzliches Geheimnis, ein Bonus-Geheimnis sozusagen:

Geheimnisse, bei denen man sich nicht wohl fühlt, halten etwas Besonderes für einen parat.

Meisterrekrutierer, die von Dingen hören, die wirklich funktionieren, ihnen aber anfangs nicht gefallen, ignorieren die eigenen Gefühle lange genug, um sich diese näher anzusehen. So finden Sie oft eine Goldader, etwas, das Sie ausgraben, in Form bringen, polieren und schließlich benutzen können! Achten Sie also darauf, dass Ihnen diese Schätze nicht durch die Lappen gehen.

Wollen Sie also wirklich Meisterrekrutierer werden? Sind Sie bereit, die 17 Geheimnisse kennen zu lernen?

Großartig. Legen wir los!

Geheimnis Nr. 1

Meisterrekrutierer sitzen nicht auf ihren Pfründen

Die meisten Leute glauben, der Sinn einer Ausbildung bestünde im Anhäufen von Wissen. Aber in Wahrheit besteht der Sinn einer Ausbildung darin, uns zu *Taten* zu bewegen!

Bei der Bildung geht es nicht darum, die richtigen Dinge zu tun, sondern darum, etwas aus seinem Tun zu lernen. Wir können Fehler dazu verwenden herauszufinden, wie man etwas „richtig“ macht, aber wir werden nie wissen, wie sich etwas entwickelt, solange wir nicht gehandelt haben. Es sind unsere Taten, die wirklich zählen. Und damit meine ich nicht jede x-beliebige Handlung – wiewohl jede Handlung besser ist als gar keine – ich rede hier von *großen Taten.*

In meinem ersten Buch *Erreichen Sie Höchstform in MLM* sagte ich, dass man immer ein höheres Ziel anvisieren sollte als das, das man erreichen will. Vielleicht schafft man es, vielleicht auch nicht. Aber wer höher zielt, macht wenigstens Fortschritte.

Und genau darum geht es bei großen Taten. Wenn man groß denkt, stehen die Chancen, Großes zu erreichen, einfach viel besser.

Fehler?

Aber klar doch. Sie werden Fehler machen. Vielleicht sogar große! Aber wenn man schon Fehler macht, sollten sie groß genug sein. Man lernt viel schneller und – ist Ihnen das auch schon mal aufgefallen? – man bekommt eine Menge Aufmerksamkeit.

Kleine Fehler werden leicht übersehen. Daher neigen wir dazu, sie zu wiederholen. Große Fehler sind dagegen wie ein Schlag auf den Kopf, und wir sagen uns dann entweder:

„Schade, das hat nicht funktioniert. Ich wusste es. Ich hätte es gar nicht erst versuchen sollen. Das werde ich nie wieder tun."

Oder:

„Nun, das hat nicht funktioniert – zurück zum Anfang. Es gibt bestimmt bessere Möglichkeiten. Schau dir doch mal all die Leute an, bei denen es sehr wohl funktioniert. Ich *weiß*, dass es auch bei mir funktionieren kann."

Große Fehler – sofern wir in einem „Wachstumszustand" sind – sind Erfahrungen, die uns unendlich wertvolle Lektionen beibringen können und unseren Charakter aufbauen.

Meisterrekrutierer machen große Fehler, weil sie das *Vorurteil des Handelns* pflegen, wie ich es nenne. Zu handeln, große Taten zu verrichten, ist ein Schlüssel zum Erfolg.

Und genau darum geht es bei Bildung: zu lernen, wie

man Risiken nimmt und jene großen Taten verrichtet, die die bestmöglichen Resultate bringen.

Und wenn Sie das wollen – die bestmöglichen Resultate –, werden Sie nie zufrieden sein mit dem, was Sie bereits wissen. Sie werden zu einer *Lernmaschine*: Sie werden handeln – je größer, desto besser –, und Sie werden sehen, was geschieht, und daraus lernen. Dann werden Sie wieder handeln usw.

Gut durchdachte Entscheidungen

Beim Wissenserwerb geht es eigentlich nur darum, sich in die Lage zu versetzen, gut durchdachte Entscheidungen treffen zu können.

Ganz egal, wer Sie sind oder was Sie tun, Sie haben immer eine Wahl. *Im Leben dreht sich alles um Entscheidungen.* Je mehr Erfahrung und Bildung Ihren Entscheidungen zugrunde liegt, desto bessere Ergebnisse erzielen Sie. Das versteht sich von selbst. Wenn Sie in Bewegung bleiben, innehalten und die Ergebnisse Ihrer Taten immer wieder studieren, treffen Sie zunehmend bessere Entscheidungen.

Wie treffen wir also besser durchdachte Entscheidungen? Dadurch, dass wir mehr Erfahrungen machen.

Wie machen wir mehr Erfahrungen? Indem wir in Bewegung bleiben – und andauernd handeln. Und je größer unsere Taten sind, desto größer und lehrreicher ist die Erfahrung, die wir dadurch machen.

Ich kenne Leute, die seit 20 Jahren arbeiten. Aber in Wirklichkeit erfahren sie immer nur ein und dasselbe Jahr – in 20-facher Wiederholung. Sie machen das Gleiche, und zwar immer und immer wieder.

Ganz früh in ihrer Karriere haben diese Menschen – durch ihr Handeln – etwas gefunden, das für sie funktioniert. Eine Technik, ein Verfahren, eine Strategie, die ein gutes Resultat zu Wege brachte. Sie glaubten nur irrtümlich, dass es bei mutigeren und größeren Taten nicht mehr funktioniert. Sie beschlossen daher, die Chance auf größere Gewinne bei größeren Investitionen zu ignorieren; so, als hätten sie nun ihre Pfründe gesichert - und für die nächsten 20 Jahre setzten sie sich zur Ruhe.

Meisterrekrutierer sitzen nicht auf ihren Pfründen. Meisterrekrutierer sind nie zufrieden mit dem, was sie derzeit wissen und tun. Sie strecken sich kontinuierlich zur Decke und suchen andauernd neue Herausforderungen und neue Gelegenheiten, um etwas zu lernen. Sie sind dauernd in Bewegung und handeln kontinuierlich. Aus diesem Grund können sie besser durchdachte Entscheidungen treffen.

Der kürzeste Abstand

Wir haben unser Unternehmen auch deshalb „Millionaires In Motion" („Millionäre in Bewegung") genannt, weil wir glauben, der kürzeste Abstand zwischen dem Ort, an dem wir uns derzeit befinden und unserem Ziel liegt in unserer Bereitschaft, in *Bewegung zu sein.*

Sie haben bestimmt auch mal gehört, dass der kürzeste Abstand zwischen Punkt A und Punkt B eine grade Linie ist. Das ist wahr – aber nur, solange man in Bewegung ist.

Für mich persönlich ist es leichter, mich zunächst auf das zuzubewegen, was mich anzieht, und meine Richtung (meine Linie) dann dem Lauf der Dinge anzupassen. Wenn ich in meinem Leben nur auf „grade Linien" gewartet hätte, säße ich wohl noch immer auf dem Schoß meiner Mutter.

Verstehen Sie mich bitte nicht falsch. Es ist wichtig, seine Richtung zu planen – ein Plan könnte den Unterschied zwischen Erfolg und Misserfolg ausmachen. Aber zu planen, ohne in Bewegung zu sein (zu handeln), ist immer fatal.

Also planen Sie Ihr Handeln, und handeln Sie nach diesem Plan!

Bedenken Sie jedoch, dass das Maß Ihres Erfolges wahrscheinlich davon abhängt, wie gut Sie Ihre Pläne und Ihr Handeln in den Lauf der Dinge einfügen.

Der Flug zum Mond

Die Mondflüge der NASA (die amerikanische Raumfahrtbehörde) sind ein gutes Beispiel für diese Vorgehensweise. Die NASA hatte einen Plan: einen Menschen sicher auf den Mond und wieder zurück zur Erde zu bringen.

Mal angenommen, der Mond sei Punkt A und die Erde Punkt B. Planung ist dermaßen wichtig für die NASA, dass sie die gesamte Route bis in die kleinsten Einzelheiten plant. Da die Fachleute genau wissen, wo der Mond ist (sie können ihn sehen), könnte man annehmen, dass sie eine „grade Linie" zwischen den beiden Punkten ziehen, damit die Reise so kurz und sicher wie möglich wird.

Wenn das Raumschiff losfliegt – raten Sie mal, wie lange es sich tatsächlich auf Kurs (auf der Linie) zu seinem Ziel, zum Mond befindet?

Die Fachleute sagen, weniger als drei Prozent der Flugzeit. Was tun sie also während der restlichen 97 Prozent?

Korrekturen machen. Den Kurs anpassen – also ihren Plan!

Meistens haben wir aber nicht den Luxus (wie die NASA), genau zu wissen, wo unser Ziel sich befindet. Wir können es nicht klar sehen und können daher, bevor wir abheben, keine perfekte „grade Linie“ dorthin ziehen. Sicherlich können wir eine Vision davon haben und in etwa einschätzen, was wir brauchen werden, um dorthin zu gelangen. Aber meistens ist es doch ein Sprung im Glauben.

Was also ist die Lektion?

Ihr Erfolg im Network-Marketing – Ihr monatliches Einkommen von 5.000, 10.000 oder 50.000 € – beruht nicht darauf, wie grade die Linie von Ihrem Ausgangspunkt zu Ihrem Ziel ist. Ihr Erfolg hängt höchstwahrscheinlich davon ab, wie schnell und bereitwillig Sie Ihre *jetzigen* Handlungen korrigieren und anpassen!

Der Schlüssel – oder wie man zum Meisterrekrutierer wird

Der Schlüssel zum ersten Geheimnis ist also zu handeln, sich in Bewegung zu setzen und dann über genügend Weisheit zu verfügen, um das eigene Handeln zu korrigieren und anzupassen, sodass man Kurs hält.

Und der Schlüssel zu meisterhafter Rekrutierung im Network-Marketing liegt darin, die Lektionen, die Sie in diesem Buch lernen, anzuwenden, die Handlungsschritte zur Meisterschaft schnell zu erkennen und zu nehmen, und in der Bereitschaft, Ihr Handeln zu korrigieren und anzupassen, während Sie auf Ihrem Weg fortschreiten.

In diesem Prozess werden Sie die Rekrutierungstechniken entdecken, die für Sie am besten geeignet sind. Immer, wenn Sie eine gefunden haben, fragen Sie sich: „Was kann ich tun, um dies größer und mutiger zu tun? Welche große Tat kann ich jetzt durchführen, um die ganze Erfahrung zu beschleunigen?"

Ahmen Sie die Meister nach: Sie sitzen nicht auf Ihren Pfründen – ruhen Sie sich also nicht auf Ihren Erfolgen aus. Betrachten Sie sie als Stufen eines schönen, äußerst befriedigenden Weges – den viele als Weg der Meisterschaft im Leben betrachten!

Es gibt ein kosmisches Gesetz, das ich Ihnen nun, wie versprochen, erläutern möchte. Meiner Meinung nach wird es Ihnen helfen, die Kraft der Bewegung besser zu verstehen und wie das alles mit Ihrer Network-Marketing-Organisation zusammenhängt. (Anmerkung: Ein kosmisches Gesetz ist ein Gesetz des Kosmos, dass immer wirkt – *immer*!)

Das kosmische Präzessionsgesetz

Buckminster Fuller war einer der außergewöhnlichsten Denker aller Zeiten. Seine Weisheit und innovativen Ideen sind wahrlich ein Segen für unsere Welt. So schuf er beispielsweise eine neue und sehr viel genauere Weltkarte: die Dymaxion-Karte. Er entdeckte und erklärte die Synergie und entwickelte die geodätische Kuppel. Er prägte den Begriff „Raumschiff Erde". Bucky, wie seine Freunde ihn nannten, war ein fantastischer Mann – ein echtes Genie!

Zu seinen größten Beiträgen gehört auch das von ihm so genannte Präzessionsgesetz – ich nenne es das Gesetz der Nebeneffekte. Hier die Definition:

Wenn ein Körper sich in Richtung eines anderen Körpers bewegt (durch die Schwerkraft oder eine andere Anziehungskraft), führt dies – in einem Winkel von neunzig

Grad zur Bewegungsrichtung – zu einer gleich großen oder gar größeren Wirkung.

Ich will das auf eine etwas andere Art und Weise wiederholen:

Wenn ein Objekt von einem zweiten angezogen wird und sich darauf zubewegt, führt das in einem rechten Winkel dazu zu einer weiteren Wirkung. Diese Wirkung ist gleich oder größer als die eigentliche Anziehungskraft zwischen den beiden Objekten.

Beispiel gefällig?

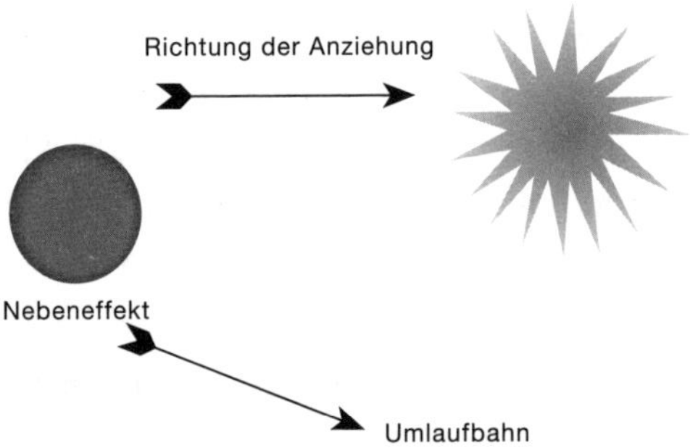

Das ist die Sonne – ein Himmelskörper in Bewegung. Die Erde ist ein zweiter Himmelskörper. Wären Sie mit der Aussage einverstanden, dass die Sonne die Erde anzieht? Natürlich! Schwerkraft am Werk – die Erde wird so stark von der Sonne angezogen, dass sie in ihre Richtung fällt.

In einem Winkel von neunzig Grad zur Richtung der Anziehung schafft das Präzessionsgesetz einen Nebeneffekt – er nennt sich Umlaufbahn der Erde. Das ist – und da sind wir sicherlich einer Meinung – ein sehr förderlicher Nebeneffekt. So förderlich, dass er verhindert, dass wir alle getoastet werden! (Sollten wir an dieser Stelle vielleicht dem Präzessionsgesetz dafür danken, dass es unsere Pfründe rettet?)

Ein anderes Beispiel wäre eine Biene (ein Körper in Bewegung) und eine Blume (ein weiterer Körper in Bewegung).

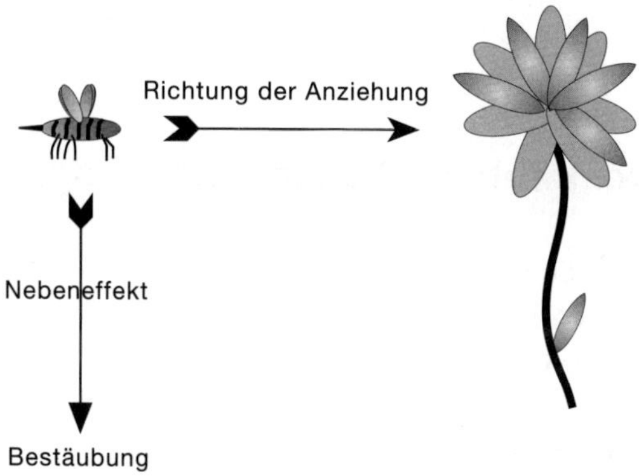

Denken Sie nicht auch, dass die Blume die Biene *anzieht*? Richtig! Die Biene bewegt sich wie versessen auf die Blume zu, weil diese den Nektar enthält, den die Biene für den Honig braucht – Nahrung zum Überleben.

In einem Winkel von neunzig Grad zu diesem „Sog" (der Anziehungskraft) steht der außerordentliche Nebeneffekt – die Bestäubung. Blütenpollen bleiben an Beinen und Körper der Biene kleben. Durch den Flug von einer Blume zur anderen schenkt die Biene unserem Planeten den segensreichen Nebeneffekt der Bestäubung und Düngung der Blumen, sodass diese sich fortpflanzen können. Das Endergebnis: das Reich der Pflanzen, das wir so sehr genießen!

Faszinierend an dem Präzessionsgesetz finde ich, dass der so genannte „Nebeneffekt" – der „unabdingbar" in einem rechten Winkel auftritt – häufig der wirksamste Aspekt der gesamten Anziehung ist. Wo wären wir denn ohne die Umlaufbahn der Erde? Wo wäre das Reich der Pflanzen ohne Bestäubung? Und wo wäre die Erde ohne das Reich der Pflanzen?

Okay. Wie also beeinflusst das Präzessionsgesetz Sie im Network-Marketing und genauer: Welchen Einfluss hat es darauf, dass Sie zum Meisterrekrutierer werden?

Ausgezeichnete Frage!

Wozu fühlen Sie sich hingezogen?

Stellen Sie sich folgende Fragen: Weshalb werden die meisten Leute vom Network-Marketing angezogen? Weshalb zeichnen die Leute als Geschäftspartner?

Weil sie mehr Geld verdienen wollen?

Genau! Geld ist der wichtigste Grund, weshalb die Leute sich darauf einlassen.

Also gut, mal angenommen, Sie sind ein Körper in Bewegung (na hoffentlich!), der angezogen wird von einem anderen Körper in Bewegung – von Geld!

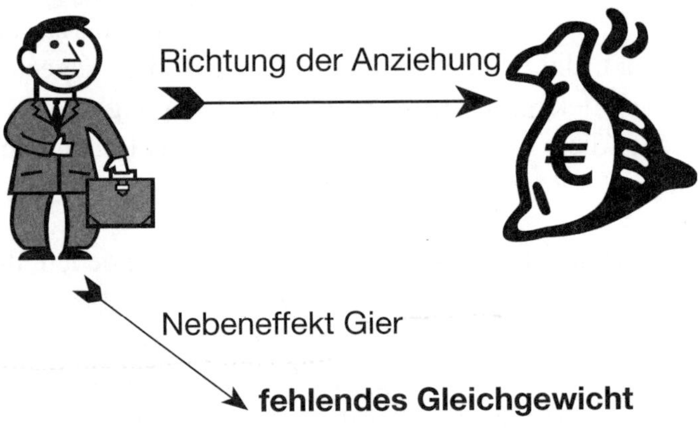

Jetzt frage ich Sie: Haben Sie schon mal Leute gesehen, die nichts als Geld im Sinn haben, egal in welchem Beruf? Leute, für die Geld die einzige Grundlage für ihr Denken und Tun ist? Kennen Sie Leute, die sich nur auf ihr Bedürfnis nach Geld konzentrieren und darauf, mehr davon anzuhäufen?

Jetzt fragen Sie sich mal einen Moment, für welchen Nebeneffekt das Präzessionsgesetz häufig bei solchen Menschen sorgt? *Gier*?

Ist Ihnen auch schon mal aufgefallen, dass solchen Menschen auch in anderen Lebensbereichen häufig das *Gleichgewicht fehlt* – im Bereich Gesundheit zum Beispiel und/oder Familie, Beziehungen usw.?

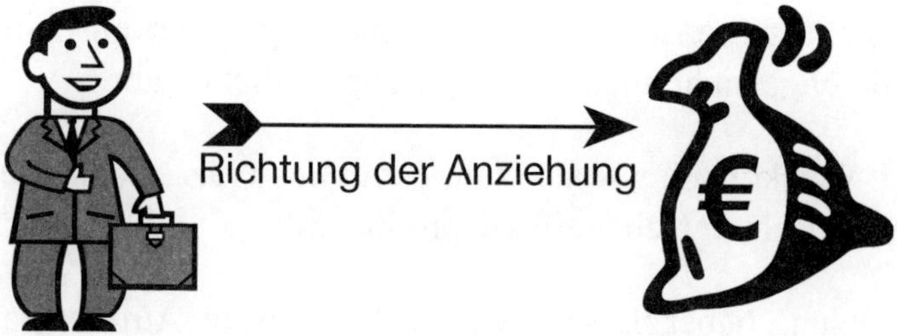

Ich wäre der Letzte, der Geld verachtet und es für etwas Schlechtes hält. Im Gegenteil, Leute, die Geld haben, gelingt oft mehr und Besseres als denen, die nichts haben.

Die Wahrheit über Geld

Wir müssen klug genug sein und wissen, was Geld ist und was nicht. Geld ist nur ein Mittel zum Zweck, ein Instrument, mit dem wir uns ausdrücken und frei in unserer Welt bewegen können. An sich ist Geld nichts. Sein Wert hängt davon ab, was wir damit tun.

Ich glaube auch, dass es genügend Geld und Reichtum auf diesem Planeten gibt – genug, damit alle Männer, Frauen und Kinder auf der Erde finanziell frei sein können. Und ich bin auch davon überzeugt, dass jeder Mensch es verdient, wohlhabend zu sein und reich.

Was ich sagen will?

Genau wie die Anziehung zwischen Erde und Sonne und zwischen Biene und Blume ganz natürlich und gut ist, so ist es auch mit der Anziehungskraft des Geldes. Geld haben zu wollen, ist gesund und positiv. Also bewegen Sie sich in die entsprechende Richtung – Sie haben es verdient!

Ich will nur Folgendes sagen: Ich bin sicher, dass Sie sich als Präzessionseffekt dieser Anziehung weder ein fehlendes Gleichgewicht noch Gier wünschen – nicht wahr?

Was können wir also tun, damit das Präzessionsgesetz die erwünschten Nebeneffekte produziert?

Nun, lieber Leser, wir richten unsere Aufmerksamkeit einfach darauf, allem und jedem, mit dem wir auf unserem Weg in Berührung kommen, *zusätzlichen Wert* zu geben.

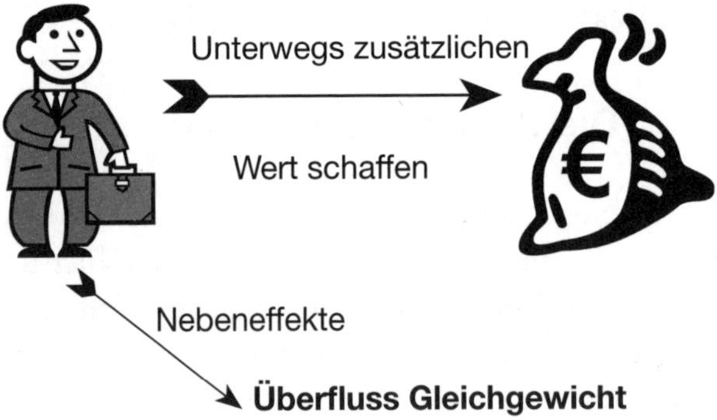

Im Gegensatz dazu, was die meisten Leute glauben, hängt Erfolg nicht davon ab, dass man das *Ziel* erreicht – eine bestimmte Geldsumme beispielsweise. Erfolg liegt vielmehr in der *Reise* – im täglichen Genuss und der Freude, die wir beim Geldverdienen empfinden. Wenn Geld unser Tun *verursacht*, machen wir allzu leicht Abstriche bei dem, was wir eigentlich sind und wer wir sein möchten. Wenn Geld hingegen die *Wirkung* dessen ist, was wir gerne tun, sind wir ehrlich gegenüber uns selbst.

Als Nächstes in diesem Prozess erleben wir immer mehr Überfluss in allen Bereichen unseres Lebens – in unseren Beziehungen, in der Liebe, in dem, was wir beizutragen haben, in unserer Gesundheit und Freude... Wir entdecken außerdem einen tiefen inneren Frieden, Harmonie und *Gleichgewicht.*

Sie sehen also, dass wir die Anziehungskraft des Geldes nicht leugnen müssen. Wir können die Anziehungskraft benutzen, um in allen Bereichen unseres Lebens und dem anderer Reichtum zu schaffen, und zwar dadurch, dass wir unsere Aufmerksamkeit Tag für Tag darauf richten, *zusätzlichen Wert* zu schaffen.

Sie haben sicherlich auch mal den Spruch gehört, dass es zum Sinn des Lebens gehört, andere positiv zu beeinflussen. Und genau davon rede ich. Sie können sicher sein, dass andere den Reichtum, den das Leben zu bieten hat, für einen wirksamen und profitablen Nebeneffekt halten werden – *und dazu gehört auch das Geld.*

Genau aus diesem Grund wird Network-Marketing so geschätzt. Auch wenn Sie zunächst nur von der Aussicht angezogen wurden, viel Geld zu verdienen, so erwächst Ihre Leidenschaft für dieses Geschäft jedoch ganz natürlich aus der Tatsache, dass Sie anderen Menschen einen *zusätzlichen Wert* bringen. Meisterrekrutierer sind sich des kosmischen Präzessionsgesetzes bewusst. Es zieht sie genauso sehr, wenn nicht gar mehr an, dem Leben anderer zusätzlichen Wert zu geben, als selbst mehr Geld zu besitzen.

Die Liebe für den *Geschäftsprozess* durchdringt alles, was diese Leute tun. Im Gegenzug dazu belohnt der Kosmos und das Präzessionsgesetz sie mit Überfluss, Gleichgewicht und Geld.

Ein Millionengefühl

Meisterrekrutierer fühlen sich wohl in ihrer Haut, weil ihr Leben Sinn hat und im Gleichgewicht ist. Und durch dieses Wohlgefühl bewegen sie sich ganz von selbst in Richtung stetig wachsenden Wohlstands und Reichtums!

Network-Marketing macht Freude, und diese entspringt dem täglichen Beitrag, den man für andere leistet. Ja, es ist praktisch unmöglich, im Network-Marketing wirklich zu prosperieren, ohne anderen sehr viel zusätzlichen Wert verschafft zu haben.

Denken Sie mal einen Moment lang über Folgendes nach: Ist es im Network-Marketing möglich, 5.000, 10.000 oder 50.000 € und mehr im Monat zu verdienen, ohne für hunderte – oder gar tausende – Leute etwas Positives und Bleibendes getan zu haben?

Ich glaube kaum!

Das kann man nicht von vielen Branchen behaupten. Tatsache ist vielmehr, dass es viele Organisationen gibt, die Leute dafür belohnen, wenn sie anderen ihren Wert vorenthalten – denken Sie nur an einige Regierungen und Politiker.

Aus diesem Grund setze ich so viel Vertrauen und Hoffnung ins Network-Marketing und seine glorreiche Zukunft in dieser Welt. Eine Welt, die sich schnell wandelt. Eine, die sich fieberhaft auf den Weltfrieden zubewegt und den Krieg hinter sich lässt; die sich auf Mitgefühl und gegenseitiges Verständnis zubewegt und weg von Vorurteilen; die sich auf Demokratie und freies Unternehmertum zubewegt und weg von Diktaturen und Monopolen; die sich auf Ehrlichkeit und Kooperation zubewegt und weg vom Betrug; die sich auf menschliche Werte und zusätzlichen Wert zubewegt und weg von der Gier; und die sich nicht zuletzt auf eine Methode globaler Verteilung (deren Zeit gekommen ist) zubewegt, die sich Network-Marketing nennt und weg von Geschäftspraktiken, die ihre Unwirksamkeit in zunehmendem Maß unter Beweis stellen.

Also, meine Freunde, *erheben Sie sich von Ihren Pfründen*! Das Leben bietet Ihnen viele Möglichkeiten: Bilden Sie sich – studieren Sie die Meister –, und schreiten Sie dann freimütig zu großen Taten. Denken Sie groß, planen Sie groß, und bleiben Sie dabei zielgerichtet. Sie werden Fehler machen – alle Meister machen Fehler –, korrigieren Sie Ihren Kurs also zügig, und passen Sie ihn entsprechend an. Meistern Sie das kosmische Präzessionsgesetz, indem Sie allem und jedem, mit dem Sie in Berührung kommen, zusätzlichen Wert geben. In dem Maße, in dem Sie zufriedener werden und mehr Gleichgewicht und Sinn empfinden, wird auch Ihr Einkommen wachsen. Und unterwegs auf Ihrem Weg zur Meisterschaft Ihres Selbst und finanzieller Freiheit werden Sie einen direkten und effektiven Einfluss auf das Leben anderer haben.

Überall um uns herum finden große Veränderungen statt. Wir alle haben das Potenzial zu sehr viel mehr Lebensqualität. Das Engagement für Network-Marketing bietet uns die Chance, anderen einen Weg freizuräumen, dem sie gerne folgen werden – und auf diesem Weg liegt ihr wahres Erbe, das verspreche ich Ihnen!

Es heißt, die Reise des Lebens beginnt mit einem einzigen Schritt. Nun, Ihre Reise zu meisterhaftem Rekrutieren fängt mit diesem Geheimnis an *und* mit den Handlungsschritten, die nun folgen. Tun Sie sie also!

Meine Handlungsschritte um Geheimnis Nr. 1 zu meistern

Meisterrekrutierer sitzen nicht auf ihren Pfründen

1) Wie gebe ich anderen beim Aufbau meiner Network-Marketing-Organisation *zusätzlichen Wert*?

____

____

____

____

____

____

2) In dem Wissen, dass ich es verdiene, wohlhabend und reich zu sein: Welche Nebeneffekte soll die Tatsache, dass ich von Geld angezogen werde, in meinem Leben erzeugen?

3) Wie kann ich handeln (je größer, desto besser), um in Bewegung zu bleiben in die Richtung meiner Ziele?

Geheimnis Nr. 2

Meisterrekrutierer sind unbeirrbar standhaft

Jedes Geschäft – ja, jegliches Unternehmen durchlebt Hochs und Tiefs. Wirtschaftstrends, Geschäftszyklen, jahreszeitliche Schwankungen..., die Menschen wollen mal mehr das eine und dann wieder etwas anderes. Über diese Dinge haben Sie und ich meist keine Kontrolle.

Aber andere Hochs und Tiefs können und müssen wir unter Kontrolle bringen – sofern wir Meisterrekrutierer werden wollen.

Bei meinem jahrelangen Studium der Meister ist mir aufgefallen, dass sie qua Einstellung und wie sie an dieses Geschäft rangehen, eine gemeinsame Eigenschaft haben: die *Unbeirrbarkeit*.

Sie sind schlicht unbeirrbar. Sie lassen sich den Weg nicht verbauen. Sie sind standhaft. Sie sind unbeirrbar standhaft.

Sie haben gelernt, wie sie das emotionale Auf und Ab, das nun mal zum Aufbau eines Network-Marketing-Geschäftes gehört, maximal verringern.

Einfach ausgedrückt gestatten Meisterrekrutierer sich nicht, in die emotionale Achterbahn anderer Leute einzusteigen. Warum nicht? Weil das emotionale Auf und Ab dieses Geschäftes den meisten Network-Marketern mehr abverlangt als alle anderen Aspekte dieses Geschäftes zusammen.

Im Laufe der Jahre habe ich außerdem gelernt, wie wirksam Illustrationen sein können, wenn man jemandem etwas vermitteln will. Hier also eine Grafik, die erläutert, wovon ich spreche. Sehen wir sie uns mal an:

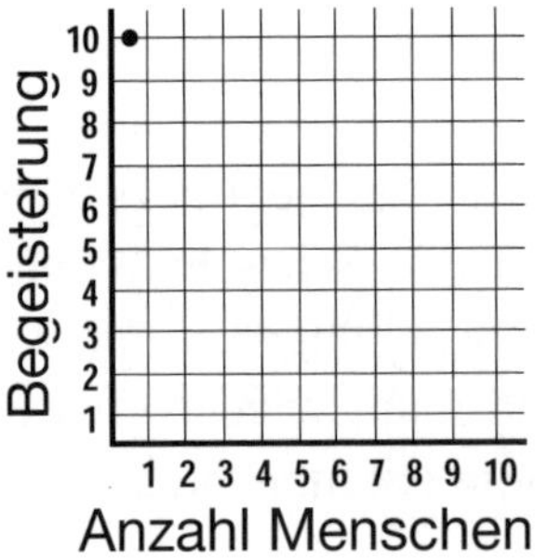

Also gut – auf vertikaler Achse wird der Grad persönlicher Begeisterung eingetragen, 10 ist dabei die höchstmögliche Begeisterung. Vielleicht haben Sie sie schon mal verspürt, oder Sie haben schon mal einen Neuzugang in unserem Geschäft vor Begeisterung fast platzen sehen! Er kam aus dem Meeting, als schwebte er auf Wolken, und er konnte gar nicht so schnell reden, wie ihm die Gedanken durch den Kopf schossen!

Die horizontale Achse repräsentiert die Zahl derer, mit denen man im Laufe eines Tages, einer Woche oder eines Monats spricht – das ist abhängig davon, wie aktiv man beim Aufbau seines Geschäfts ist.

Das Gesetz des Mittelwerts

Das Gesetz der Network-Mittelwerte besagt Folgendes: Von zehn Personen, denen wir unsere Geschäftschancen *umfassend* erklären, werden etwa drei die Vision und somit den Partnerantrag unterschreiben. In der Absicht natürlich, etwas in diesem Geschäft zu erreichen. Von diesen dreien wird einer seinen Verpflichtungen bis zu einem gewissen Grad gerecht und messbare Ergebnisse bringen.

Ich behaupte nicht, er sei der nächste Gold-, Platin-, Executive- oder Emperor-Partner des Unternehmens – obwohl das durchaus möglich ist –, sondern nur, dass er Networker wird.

Und nun der Schlüssel zum Geheimnis, das den Geschäftspartner, der ab und zu mal was macht, vom Meister unterscheidet.

Schnapp sie Dir, Harry!

Als Beispiel soll uns ein neuer Geschäftspartner dienen, der gerade eben erst angefangen hat: Harry. Harry war gerade in der Präsentation und ist ganz aus dem Häuschen. *Danach* hat er sein Leben lang gesucht. Was für eine Chance – unglaublich!

Nun denn, heute ist der Tag danach, und Harry hat gerade sein erstes Samstagstraining hinter sich gebracht, die Hände voller Marketingmaterial und den Kopf voll von „Know-how“, das sich in der Praxis bewährt hat.

Und er ist heiß – und wie!

Aufgekratzt und begeistert? Total.

Also bekommt Harry eine 10, und wir setzen ihn ganz oben auf unsere Begeisterungsgrafik.

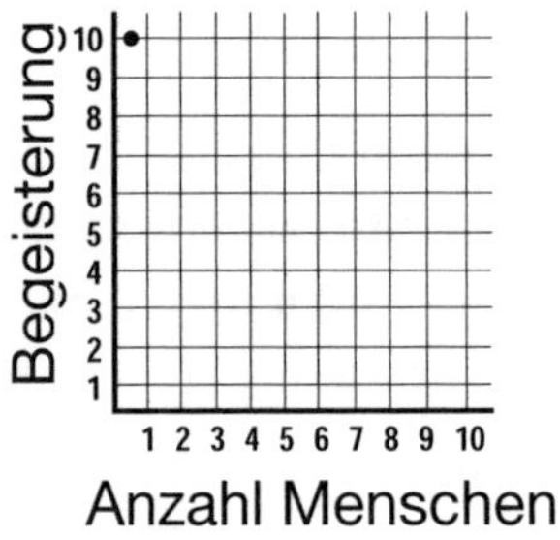

Nun spricht Harry mit dem ersten potenziellen Geschäftspartner, der Person ganz oben auf seiner Liste – jemand der *ganz bestimmt* Ja sagen wird. Und was, denken Sie, geschieht?

„Nein, das ist nichts für mich. Außerdem funktioniert das sowieso nicht. Ist ja auch ein Pyramidensystem, Harry. Wie kannst du nur so dumm sein, dich auf so was einzulassen? Mann o Mann, du wirst deine Ersparnisse los, und ein anderer verdient sich eine goldene Nase – dann stehst du im Hemd da."

Harry sagt nur: „Danke, Papa."

Natürlich ist er ein bisschen enttäuscht (sein Stern sinkt auf unserer Grafik auf die 8), aber man hatte ihn ja beim Training darauf vorbereitet.

Also sagt Harry sich: „M.M., M.N., N.U. – *und weiter.* **M**anche **m**achen's, **m**anche **n**icht, **n**a **u**nd – *und weiter.*" (Jemand in seiner Upline hat ihm mein Buch *Erreichen Sie Höchstform in MLM* gegeben.)

Er richtet sich wieder auf (sein Stern auf der Begeisterungsgrafik steigt auf 9) und macht weiter mit der nächsten Person auf seiner Liste potenzieller Geschäftspartner – mit Mama.

Obwohl Mama und Papa seit Ewigkeiten nie mehr einer Meinung waren, sind sie's jetzt. Mama sagt: „Nein. Und das Video interessiert mich auch nicht. Such dir einen richtigen Beruf, Harry, wie dein Bruder", der übrigens die nächste Person auf seiner Liste ist.

Ach übrigens, Harrys Stern auf der Begeisterungsgrafik steht jetzt bei der 6 – er hat was abgekriegt und steht unter Schock.

Er besucht seinen Bruder – der gerade mit den Eltern telefoniert hat – und bevor Harry überhaupt die Gelegenheit hat, „Chance" zu sagen, drückt sein Bruder ihm die Stellenanzeigen der Zeitung in die Hand. Sein Begeisterungspegel fällt auf 3 bis 4.

Nach einem Telefongespräch mit seinem Sponsor, der ihn aufbaut und dazu inspiriert, das morgige Chancen-Meeting zu besuchen, ist Harry wieder guten Mutes, und sein Stern steigt erneut zur 8.

Außerdem wird ihm klar, dass seine Familie nicht der beste Ansprechpartner ist. Also macht er sich auf, um mit den Kumpels im Fitnessstudio zu reden.

Dort führt Harry einige weitere fruchtlose Gespräche – was ihn ganz schön umhaut, und er fragt sich, wie er darauf kommen konnte, sich auf Network-Marketing einzulassen.

Wenn wir die Punkte auf der Grafik, die Harrys wechselhaften Begeisterungspegel zeigen, miteinander verbinden, sieht seine „Begeisterungslinie“ wie eine Richter-Skala nach einem heftigen Erdbeben aus.

Wenn er noch ein oder zwei weitere Neins verkraften muss, fällt sein Stern ganz von der Grafik, und er gibt auf. Harry wird Geschichte – eine Null auf der Grafik.

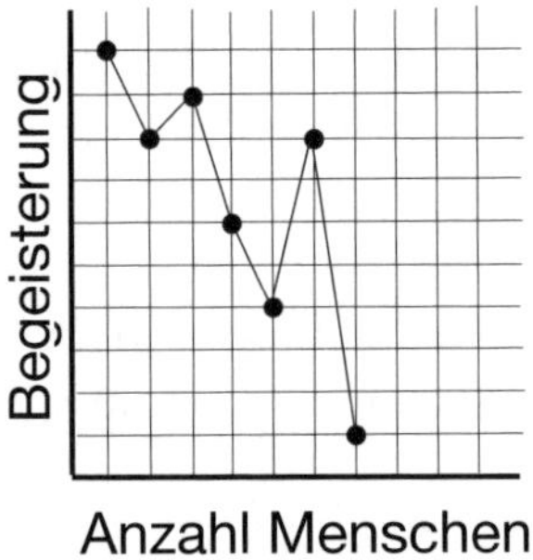

Was also ist geschehen?

Als Harry fast platzte vor Begeisterung und sein Stern bei 10 stand, fehlte ihm dennoch etwas: etwas Grundlegendes und Wesentliches.

Es nennt sich *persönliche Überzeugung,* und egal wie viel Saft man hat und wie begeistert man ist, wenn die Begeisterung nicht von einem vergleichbaren Maß an *Überzeugung* begleitet wird, stehen die Chancen auf Erfolg ziemlich schlecht.

Begeisterung = Persönliche Überzeugung

Die „Wissenschaft der Grundeinstellungen“ kennt ein allgemein gültiges Gesetz, das besagt, dass Begeisterung gleich persönlicher Überzeugung ist.

Weshalb das so ist? Weil Überzeugung wie Schwerkraft ist: Ganz egal, wie begeistert Sie sind, die Anziehungskraft Ihrer Überzeugungen wird Ihre Begeisterung so lange beeinflussen, bis ihre Bahnen synchronisiert sind.

Harry musste vor allem deshalb so schnell ins Gras beißen, weil der Pegel seiner Überzeugungen (als er loslegte) so weit unter dem seiner Begeisterung lag, dass dieser ihn schließlich dorthin hinunterzog, in *seine* Realität.

Denn obwohl Harrys Begeisterung anfangs sehr hoch war, lag sein Überzeugungspegel nur bei einer 3 oder 4.

Eine Gipfelerfahrung oder ein Motivationsschub kann einen leicht in Begeisterung versetzen – wenn man aber von diesen Möglichkeiten nicht wirklich *überzeugt* ist und an sie *glaubt*, stürzt man mit Sicherheit ab. Das ist unvermeidlich. Ein Begeisterungsgrad von 8 lässt sich nicht mit einem Überzeugungspegel von 3 oder 4 *aufrechterhalten*.

Welche persönlichen Überzeugungen braucht man im Network-Marketing?

Man muss von sich überzeugt sein und an andere glauben. Man muss an seine Firma und deren Produkte und an die Branche glauben. Ist man von alledem nicht überzeugt, wäre auch die stärkste Begeisterung auf Sand gebaut. Ein paar starke, negative Gefühle, und das Haus schwimmt davon.

Das ist mit Harry los und mit all den anderen Harrys und Harrietten in Ihrem Bekanntenkreis.

Wenn zwischen Begeisterung und Überzeugung eine tiefe Kluft liegt, ist man sehr anfällig für Umstände und Gefühle, was früher oder später dazu führt, dass man körperlich und mental ausbrennt.

Meisterrekrutierer stehen auf der Begeisterungsgrafik bei einer 8,5 und auf der Überzeugungsgrafik mindestens bei einer 8. Weil die Kluft bei ihnen so klein ist, sind sie fast immun gegen das Auf und Ab, unter dem Harry so sehr zu leiden hat. Außerdem arbeiten sie dauernd daran, ihre Überzeugung zu stärken. Sie wissen, dass negative Überzeugungen ihre Begeisterung in dem Maße drosseln können, wie positive Überzeugungen sie in höchste Höhen schrauben.

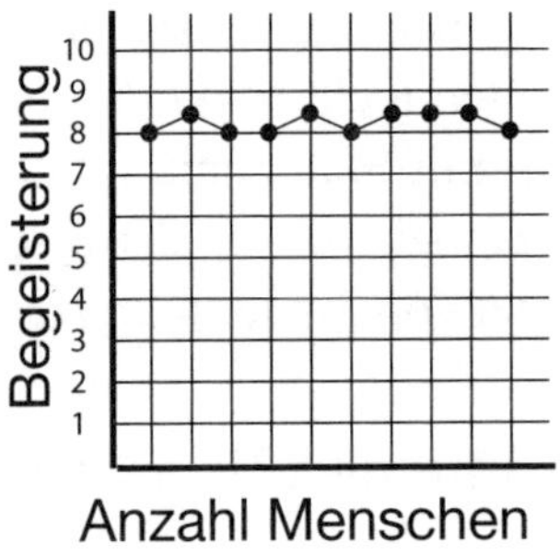

Aus eben diesem Grund studieren und lernen Meisterrekrutierer dauernd weiter – und erfahren immer mehr über sich selbst, andere, ihre Firma und Produkte und ihre Branche. Sie hören nie auf, weil sie das Gesetz kennen: Begeisterung = persönliche Überzeugung.

Wo andere Leute in einer emotionalen Achterbahn sitzen, spürt ein Meisterrekrutierer nur ganz leichte Wellen, wie die Grafik zeigt. Er oder sie weiß, wie wichtig es ist, den Begeisterungspegel bei 8 oder 9 zu *halten*, also sind sie unbeirrbar standhaft.

Überzeugungen sind der Schlüssel.

Meisterrekrutierer arbeiten härter an ihren Überzeugungen als an irgendetwas anderem. Sie verschlingen die entsprechende Literatur und hören dauernd Kassetten. Sie nehmen regelmäßig an Meetings, Treffen und Konferenzen teil. Sie haben große Lust darauf, alles über sich, andere, Ihre Firma und Produkte – und die Branche – in Erfahrung zu bringen.

Ohne ein Fundament starker persönlicher und professioneller Überzeugungen ist man dem dauernden gefühlsmäßigen Auf und Ab ausgeliefert. Und wer oft genug hoch- und runtersaust, dem geht schon bald die Luft aus.

Arbeiten Sie also unbeirrbar an Ihren Überzeugungen – sind Sie auf bestem Wege zum Meisterrekrutierer...

Wie macht man das?

Ihre Fragen gefallen mir!

Wenn es darum geht, **von sich selbst überzeugt zu sein**: Lassen Sie sich Ihre Träume von niemandem nehmen! Sie können nichts Wichtigeres tun, als Ihre Beziehung zu sich selbst zu verbessern. Lieben Sie sich selbst jeden Tag mehr.

Verankern Sie tief in Ihrem Herzen und Verstand ein solides Fundament der Selbstachtung. So strapazierfähig, dass Sie von dort eine Brücke zu den Sternen schlagen können. Auf Ihrer Reise durch dieses Buch erhalten Sie viele wirksame Tipps, die Ihnen dabei helfen werden.

Wenn es darum geht, **an andere zu glauben**, dann müssen Sie die Paradoxie verstehen, die unserer Branche innewohnt. Ich werde meine Erläuterungen dazu mit einer Frage einleiten:

Stimmt Folgendes: Erfolg hängt unmittelbar vom Ausmaß der Dienste ab, die Sie anderen leisten – den Leuten, denen Sie dienen möchten?

Ja! Das ist uneingeschränkt der Fall!

Die Paradoxie in dieser Hinsicht lautet: Sie müssen sich weigern, so zu denken wie die Leute, denen Sie dienen möchten.

Weshalb? Weil Sie, wenn Sie so denken wie diese Leute, so werden wie sie. Und wenn Sie so geworden sind, dann können Sie ihnen nicht mehr dienen – es sei denn, Sie bringen Ihnen einen Kaffee oder das Mittagessen.

Aber wenn Sie ihnen dienen – *indem Sie sie führen* – und zu neuen Erfolgsebenen und zu wirklichem Glanz verhelfen wollen, dann werden Sie fast immer das Gegenteil davon denken, was diese Leute denken.

Und damit Ihnen das möglich ist, müssen Ihre persönlichen Überzeugungen stark sein – unerschütterlich, damit die Leute Sie nicht schwächen können.

Einige, die sich Ihrem Netz anschließen – also jene Menschen, denen Sie dienen und die Sie führen – werden hin und wieder an Ihren Überzeugungen kratzen. Sie werden versuchen, Ihnen ihre eigenen Überzeugungen zu verkaufen und dadurch die Ihrigen prüfen. Sie werden immer dann versuchen, Sie zu überzeugen, wenn es bei Ihnen gerade nicht so gut läuft. Sie werden mit allerlei Entschuldigungen kommen, weshalb es nicht so gut läuft, statt mit Lösungen aufzuwarten.

Und wenn Sie diese Entschuldigungen annehmen, haben Sie die Überzeugungen eines Untergebenen angenommen statt die einer Führungskraft. Sie sind jetzt einer von ihnen geworden!

Betrachten Sie das Ganze doch mal so: Wenn den Leuten ihre Überzeugungen all die Jahre so gute Dienste geleistet hätten, würden sie sich doch nicht bei ihnen andocken, damit Sie sie in eine völlig neue Richtung führen, oder?

Als engagierte Führungskraft werden Sie sich also in Ihrem Netz oder Ihrer Upline nach Leuten mit Führungsqualitäten umsehen. Umgeben Sie sich mit ihnen. Schaffen Sie sich einen engen inneren Kreis engagierter Leute, die bereit sind, sich in Übereinstimmung mit Ihren eigenen tiefsten Überzeugungen zu bewegen – Überzeugungen, die denen der „Massen" womöglich diametral gegenüberstehen.

Treffen Sie sich regelmäßig mit ihnen (vielleicht ein Mal die Woche), um Ideen auszutauschen und zu entwickeln, und um zu planen, wie sie den Leuten in Ihrem Netz besser dienen können – den gleichen Leuten, die sich an Ihre Überzeugungen und starke Führungskraft andocken (ob ihnen das bewusst ist oder nicht).

Beachten Sie Folgendes: *Eine starke Führungskraft ist stärker von dem Potenzial seiner Leute überzeugt, als diese es selbst sind.* Führen Sie die Leute also durch die Weigerung, bezüglich Ihrer Überzeugungen Kompromisse zu machen – was für den Erfolg auch nötig ist. Denn wenn es darum geht, dieses Geschäft aufzubauen, wissen Sie als Führungskraft höchstwahrscheinlich besser, was für die Leute gut ist, als diese selbst.

Wenn es darum geht, **von Ihrer Firma überzeugt zu sein**: Achten Sie darauf, dass die Grundziele der Firma sich mit den Ihrigen decken.

Sehen Sie über die Broschüren und Konferenzreden hinaus, und lernen Sie die Leute kennen, die hinter den Prinzipien der Firma stehen.

Jede großartige Firma hat großartige Führungskräfte, die etwas Umfassenderes im Blick und eine Vision haben. Bringen Sie alles über die Grundziele Ihrer Firma in Erfahrung, und machen Sie sie sich zu eigen. Denn der Sinn und die Vision eines Unternehmens sorgt für seine Integrität und Beständigkeit!

Wenn es darum geht, **von den Produkten Ihrer Firma überzeugt zu sein**: Seien Sie selbst der *beste* Kunde. Niemand sollte Ihre Produkte häufiger benutzen als Sie. Nichts wird Sie so sehr von Ihren Produkten überzeugen als Ihre persönlichen Erfahrungen und was Sie darüber erzählen.

Wenn es darum geht, **von der Branche überzeugt zu sein**: Lernen Sie, die Branche mindestens genauso sehr zu lieben wie Ihre Firma und Produkte.

Weshalb? Weil die Network-Marketing-Branche Ihnen die Chancen gegeben hat, die Sie jetzt nutzen. Ihre Firma ist wie ein Fahrzeug, das Sie dazu auserkoren haben, Sie von dort, wo Sie jetzt sind, an Ihr Ziel zu bringen. Network-Marketing hat die Straße gebaut – die Infrastruktur – und Ihnen die Gelegenheit gegeben, dorthin zu fahren und anzukommen!

Wenn Sie Network-Marketing wirklich lieben, sitzen Sie im Fahrersitz. Sie geben die Ihnen gebotenen Chancen nicht auf, weil Ihr Fahrzeug eventuell streikt. Sie suchen sich einfach ein neues und fahren weiter – und hören nicht auf, bis Sie dort sind, wo Sie hinwollten!

Verstehen Sie mich nicht falsch. Es geht hier *nicht* darum, mehr als ein Fahrzeug auf einmal zu fahren oder sich eins zusätzlich in die Garage stellen, falls das derzeitige mal streiken sollte. Wenn Sie ein Fahrzeug ausgewählt haben, sollten Sie loyal sein, es hegen und pflegen, es würdigen und ihm Ihr Bestes geben. Es heißt nämlich – und ich bin davon überzeugt –, dass wir nur einen Hut tragen und nur einem Meister dienen können!

Ich möchte Ihnen damit Folgendes sagen: Wenn Ihr Fahrzeug versagt, nachdem Sie wirklich *Ihr Allerbestes gegeben* haben, dann geben Sie nicht gleich auch das Network-Marketing auf! *Der Beste zu sein, der Sie sein können*, diesen Lockruf hören Sie noch immer. Also suchen Sie sich ein neues Fahrzeug – diesmal mit mehr Erfahrung und Wissen als zuvor –, und setzen Sie sich wieder in Bewegung!

Ich verspreche Ihnen: Solange Sie das Network-Marketing nicht aufgeben, wird es Sie auch nicht aufgeben!

Sie müssen es lieben!

Goethe, der große deutsche Dichter aus dem 18. Jahrhundert, meinte einmal: „Was wir nicht verstehen, können wir nicht besitzen.“

Ich staune immer wieder, wie viele Leute die *Macht* des Network-Marketings besitzen wollen, ohne es wirklich *zu verstehen oder zu lieben*. Sie müssen es lieben – Sie müssen es lieben – vertrauen Sie mir, Sie müssen es lieben!

Eine Möglichkeit, mehr über Network-Marketing in

Erfahrung zu bringen, ist mein zweites Buch *Die größte Gelegenheit in der Geschichte der Welt*. Fast alles, was ich über die Geschichte, die gegenwärtige Lage und die Zukunft dieser wundervollen Branche weiß, ist darin enthalten. Und wenn Sie wüssten, was ich über Network-Marketing weiß, dann würden Sie es auch lieben.

Ich lege Ihnen also nahe, das Network-Marketing genauso zu studieren, wie Sie Ihre Produkte und Ihr Unternehmen erforschen. Denn wenn Sie dieses Geschäft *wirklich verstehen*, werden Sie es lieben. Und nur dann werden Sie seinen Glanz und seine Macht besitzen.

Also noch mal

Damit Sie also genauso standhaft unbeirrbar werden wie die Meisterrekrutierer des Network-Marketings, müssen Sie in folgenden vier wesentlichen Punkten unerschütterliche Überzeugungen gewinnen:

- Sie müssen von sich selbst überzeugt sein
- Sie müssen an andere glauben
- Sie müssen von Ihrer Firma und deren Produkten überzeugt sein
- Sie müssen an die Branche glauben

Wenn Sie das tun, sind Sie auf dem besten Weg zum Meisterrekrutierer. So einfach und wirksam ist das. Das können Sie mir glauben!

Nun, da wir uns mit Überzeugungen befasst haben, ist es an der Zeit, die Handlungsschritte zu planen, mit denen Sie eine standhaft unbeirrbare Einstellung gewinnen.

Meine Handlungsschritte
um Geheimnis Nr. 2
zu meistern

Meisterrekrutierer sind standhaft unbeirrbar

1) Wo stehe ich derzeit bezüglich der Stärken und Schwächen meiner Überzeugungen? (Kreisen Sie das Wort ein, das den gegenwärtigen Stand am besten beschreibt.)

A. Wie stark ich von mir überzeugt bin:

Absolut Sehr Mittelmäßig Kaum Fast nicht

B. Wie stark ich an andere glaube:

Absolut Sehr Mittelmäßig Kaum Fast nicht

C. Wie stark ich von meiner Firma und ihren Produkten überzeugt bin:

Absolut Sehr Mittelmäßig Kaum Fast nicht

D. Wie stark ich an Network-Marketing glaube:

Absolut Sehr Mittelmäßig Kaum Fast nicht

2) Wo würde ich meine Überzeugungen auf einer Skala von 1 bis 10 ansiedeln – 10 stellt die optimale Überzeugtheit dar(Kreisen Sie ein):

10 9 8 7 6 5 4 3 2 1

3) Wie kann ich mittelmäßige oder schwache Überzeugungen stärken?

____

____

____

____

____

____

Handlungsschritte, mit denen ich meinen Glauben an mich stärke:

____

____

____

____

____

____

____

____

Handlungsschritte, mit denen ich meinen Glauben an andere stärke:

Handlungsschritte, mit denen ich meinen Glauben an meine Firma und ihre Produkte stärke:

Handlungsschritte, mit denen ich meinen Glauben ans Network-Marketing stärke:

Geheimnis Nr. 3

Meisterrekrutierer wissen, was ihr Job ist – und was nicht

Ein alter chinesischer Spruch sagt:

Ein wertvolles Geschenk verpflichtet uns dazu, die gute Tat um ein Vielfaches zu vergelten.

Die Chinesen achten diese Philosophie, weil sie an folgendes kosmische Gesetz glauben:

Alles kommt auf dich zurück.

Eine narrensichere Methode, einen dauerhaften Zufluss wertvoller Geschenke zu schaffen, ist es, unsere Segnungen (Geschenke) vielfach mit anderen zu teilen. Wie das kosmische Gesetz besagt: Je mehr Gutes wir anderen tun, desto mehr Gutes geschieht uns.

Meisterrekrutierer ehren dieses Gesetz und umarmen die Pflichten, die damit einhergehen. Meisterrekrutierer wissen, dass sie dazu *verpflichtet* sind, ihre Arbeit zu tun!

Und die Arbeit von Meisterrekrutierern ist es, ihre Geschenke mit anderen zu teilen – um nämlich das Geschenk zu vergelten, das ihnen gegeben wurde – und zwar mit so vielen anderen wie nur möglich. Ihr Produkt und die Chance, die sie bieten, wurde einst mit ihnen geteilt. Jetzt liegt es an ihnen, dieses Geschenk mit jedem Mensch zu teilen, mit dem sie es teilen können, um das Gute vielfach weiterzugeben, das auch ihnen gegeben wurde.

Die Arbeit eines Meisterrekrutierers besteht nicht darin zu beurteilen, wer die Geschenke verdient hat. Das ist die Arbeit potenzieller Geschäftspartner. Meisterrekrutierer konzentrieren sich nur auf ihre Arbeit – das Teilen.

Perlen suchen

Tom „Big Al" Schreiter erzählt eine wundervolle Geschichte über Perlen und Austern, die ich Ihnen gerne weitererzählen möchte. (Betrachten Sie diese Geschichte als ein Geschenk von Tom an mich – das ich jetzt vergelte.)

In einem Eimer befinden sich 100 Austern, von denen durchschnittlich 10 eine Perle enthalten. Das Perlensammeln ist der Suche nach geeigneten, ernsthaften Kandidaten fürs Network-Marketing sehr ähnlich.

Die meisten neuen Geschäftspartner nehmen eine Auster aus dem Eimer, öffnen sie und sehen, dass keine Perle enthalten ist. Dann tun sie etwas Erstaunliches. Sie legen die Hälften der Auster wieder sorgfältig aneinander und halten sie fest und warm. Dann, nach etwa einer Woche öffnen sie sie erneut und sehen nach, ob schon eine Perle drin ist.

Interessanterweise *wissen sie, dass in 10 anderen Austern Perlen versteckt sind.* Dennoch beharren sie darauf, diese eine Auster warm zu halten in der Hoffnung, sie eines Tages zu öffnen, und siehe da – eine Perle!

Nun, liebe Freunde, die einzige Möglichkeit, die 10 Perlen zu finden, ist, alle 100 Austern zu öffnen. Und die Wahrscheinlichkeit, dass jemand, der Austern warmhält, damit sie wie durch Zauberkraft Perlen produzieren, auch eine findet, sind ziemlich dünn gesät!

Das Geheimnis von Geheimnis Nr. 3 ist, *auch weiterhin Austern zu öffnen*! Das ist unsere Arbeit!

Ein wahrer Meister

Ich habe einen Freund, der im Network-Marketing ein Vermögen gemacht hat. Letztes Jahr verdiente er 1,5 Millionen Dollar! Man kann ihn also ruhigen Gewissens als Meisterrekrutierer betrachten.

Möchten Sie sein Geheimnis wissen?

Er redet jeden Tag mit 25 Leuten. Er ist Perlensammler und öffnet den ganzen Tag lang Austern.

Wenn er eine Auster ohne Perle findet, legt er sie sorgfältig und vorsichtig in den „Ozean zukünftiger Perlen" zurück und öffnet die nächste. Er *weiß*, dass dort draußen genügend Perlen sind. Und er findet im Schnitt auf 100 Austern immer 10 Perlen.

„Das", sagt er, „ist eine Tatsache!" Es ist nicht seine Arbeit, Perlen zu erzeugen, sondern die der Auster. Seine Arbeit ist, die Perlen zu *finden*. Und er weiß: Wenn er einfach weiter Austern öffnet, wird er seinen Anteil an Perlen schon finden– und mehr.

Im Meer an Information ertrinken

Bevor ich ins Network-Marketing einstieg, verkaufte ich medizinische Bedarfsartikel. Das ist eine ziemlich technische Branche, und ich war ein recht guter Verkäufer. Als ich dann zum Network-Marketing kam, brachte ich das gesamte Fachwissen meiner erfolgreichen Karriere als Pharmaverkäufer mit. Denn schließlich ist Verkaufen doch Verkaufen – stimmt‘s?

Stimmt nicht!

Bei Käufern aus dem medizinischen Bereich musste ich kraftvolle Präsentationen veranstalten – überzeugende Argumente, die bewiesen, dass meine Produkte und Dienstleistungen besser waren als die der anderen Mitbewerber. Als ich also zum Network-Marketing kam, tat ich das, was ich am besten konnte: mich zu potenziellen Geschäftspartnern setzen und ihnen den enormen Wert der Chance zu erläutern, die ich ihnen zu bieten hatte.

Ich gab ihnen eine anderthalbstündige Präsentation, die sie aus den Socken haute! Megatonnen überzeugender Information geliefert mit der Kraft jahrelanger Berufserfahrung. Ausgezeichnet!

Wenn der potenzielle Geschäftspartner am Ende meiner aus-den-Socken-hauenden Präsentation nicht erkannte, welche „wunderbare“ Chance ich ihm bot, *machte mich das irre!*

Am liebsten hätte ich solchen Leuten eine Kopfnuss verpasst und sie angeschrieen: „Was ist bloß mit Ihnen los?! Haben Sie einen Dachschaden oder was? Wann werden Sie endlich wach! Warum können Sie nicht einsehen, wie gut das ist, was ich Ihnen da biete?" Als würde ich eine Auster ohne Perle öffnen und diese dann etwa zwei Stunden bearbeiten, um doch noch schnell eine Perle zu produzieren!

Wenn man von Dachschaden redet... Da stand ich und versuchte einer leeren Auster zu erzählen, gefälligst eine Perle zu produzieren!

Ihre Aufgabe

Die Arbeit eines Meisterrekrutierers besteht nicht darin, Leute zu überzeugen, sondern sie *auszusortieren.*

Meisterrekrutierer *teilen* ihre Gaben mit anderen. Sie versuchen nicht, sie ihnen aufzuzwingen oder sie von ihrem großen Wert zu überzeugen. Sie teilen einfach nur. Sie teilen, was sie haben. Auf die bestmögliche Art und Weise.

Warum?

Weil es ihr Job ist.

Der Job eines potenziellen Geschäftspartners hingegen ist es, „Ja" oder „Nein" zu sagen.

Und, nebenbei bemerkt, jede Antwort eines potenziellen Geschäftspartners ist richtig. Weshalb? Weil sie aus seiner Sicht richtig ist. In seinen Augen ist es die Antwort, die er geben muss. Und sie wird auch weiterhin richtig sein, bis *er beschließt*, seinen Job zu wechseln!

Ein Job zu viel

Ich kenne einige Meisterrekrutierer, die ihren potenziellen Geschäftspartnern von Anfang an erklären, was jeweils ihr Job ist!

Sowie sie einen guten Draht hergestellt haben und kurz bevor sie die eigentliche Chance oder das Produkt präsentieren, sagen einige Meisterrekrutierer etwa Folgendes:

„Wissen Sie, Frau Chelsea (schöner Name, oder?), in der nächsten halben Stunde werde ich Ihnen etwas über die Firma erzählen, mit der ich verbunden bin – die Leute, die dahinter stehen, ihre Vision und Integrität. Ich werde Ihnen auch einige Produkte und Dienstleistungen vorstellen, die wir anbieten – was sie bewirken und weshalb so viele Leute begeistert davon sind. Und dann werde ich Ihnen eine Gelegenheit bieten, so viel zu verdienen, wie Sie wollen, und trotzdem selbstständig zu sein.

Wenn Sie am Ende dieser kurzen Präsentation meinen, das sei es Ihnen nicht wert, kann ich das respektieren. Ich weiß, dass diese Chance nicht für jeden gedacht ist. Aber ich habe Sie zumindest informiert, und Sie können sich selbst entscheiden.

Wenn es jedoch Wert für Sie hat, möchte ich das mit Ihnen besprechen. Wenn Sie sich also dafür entscheiden, kann ich Ihnen helfen, sofort anzufangen. Wären Sie damit einverstanden, Frau Chelsea?“

Fast jeder ist damit einverstanden, dass man seine Arbeit macht. Kein Druck – keine harte Überzeugungsarbeit und keine Manipulation. Einfach nur informieren und was man hat mit anderen teilen.

Konzentrieren Sie sich also auf Ihre Aufgabe – das Teilen. Und tun Sie es, so gut Sie können. Lassen Sie keine Gelegenheit verstreichen, Ihre Präsentation zu verbessern (die Verpackung Ihres Geschenks). Und lassen Sie Weisheit walten: Geben Sie dem potenziellen Geschäftspartner die Gelegenheit, seinen Job zu tun.

Unser Job ist anstrengend genug. Wenn man sich jedoch auch noch um die Aufgaben des potenziellen Geschäftspartners kümmert – ist es da ein Wunder, wenn neue Geschäftspartner unter der Arbeitslast zusammenbrechen?

Manche Studenten sind auch Lehrer

Ein letzter Gedanke zu: „Alles kommt auf dich zurück."

Als ich vor kurzem im amerikanischen Portland ein Seminar leitete, kam eine Studentin in einer Pause zu mir – nicht mit einer Frage, sondern mit einer Anmerkung. Ich hatte über die Meister des Network-Marketings gesprochen.

„Es macht mir Spaß, die Meister zu studieren", sagte sie.

Sie war erst ein paar Monate dabei. Sie war begeistert von der Chance, die Network-Marketing ihr neuerdings geboten hatte. Eine Begeisterung, die wie helles, farbiges Sonnenlicht durch ein großes Bleiglasfenster strahlte.

Sie war Mitglied einer von regionalen Spitzenkräften gesponserten Verbindung, die über ein eigenes Zentrum für Meetings und Trainings verfügte.

Sie erzählte mir, dass es in Portland nicht mal eine handvoll Meister gab – echte Spitzenkräfte und Megaerfolge! Alle anderen kamen und gingen, und nur einige wenige arbeiteten fieberhaft daran, selbst zum Meister zu werden!

„Einige Geschäftpartner jammern nur“, sagte sie. „Sie nehmen jede Gelegenheit wahr, mit anderen darüber zu reden, was bei diesem oder jenem schief läuft.“

Es überraschte sie, dass manche Geschäftspartner (meistens die gleichen) ausschließlich negative Aspekte hervorhoben, wenn in ihrer Gruppe eine Herausforderung oder ein Hindernis auftauchte.

Und dann meinte sie:

„Aber Meister – die paar Leute, zu denen ich aufblicke und denen ich nacheifere – denken und funktionieren anders. Sie versuchen in Ordnung zu bringen, was sie in Ordnung bringen können, und lassen es andernfalls hinter sich. Eins ist sicher: Sie suhlen sich nicht im Schlamm.

Anfangs dachte ich noch, dass ihre Einstellung Selbstzweck war. Sie wissen schon – man malt ein rosiges Bild, weil der Provisionsscheck davon abhängt... Sagen die Neinsager jedenfalls.

Dann hörte ich zufällig, wie ein Meister mit Geschäftspartnern redete, die sich bei ihm über irgendetwas beschwerten.

Er hörte ihnen aufmerksam zu und konfrontierte sie dann mit zwei direkten Fragen:

„Bin ich ein Teil dieses Problems?“, fragte er.

Sie antworteten: „Nein.“

„Bin ich ein Teil der Lösung?“

Nach einer kurzen Denkpause antworteten sie wieder: „Nein.“

„In dem Fall“, antwortete er, „beschließe ich, überhaupt nicht teilzunehmen!“

Das saß!

„Das ist großartig“, sagte ich. „Und was geschah dann?“

„Nun“, erzählte sie weiter, „er entschuldigte sich mit einem freundlichen Lächeln und ging seiner Wege. Die beiden Partner standen da und wussten nicht, was sie sagen sollten. Man konnte sehen, wie ihre Energie sich änderte, als sie die Erfahrung verarbeiteten. Erst schwankten sie hin und her zwischen Ablehnung und Einsicht. Am Ende waren sie kräftig damit beschäftigt, die eigenen Probleme zu lösen!“

Sie sagte, sie hätte an jenem Tag etwas sehr Wertvolles gelernt. Und ihr Geschenk machte mich zum Student einer meiner Studentinnen – und ich genoss es in vollen Zügen.

Ihre Lektion: Wenn das kosmische Gesetz „Alles kommt auf dich zurück“ wahr ist (und was ich bisher erfahren habe, zeigt mir, dass es tatsächlich stimmt), dann sollten wir sehr vorsichtig sein, was wir fortführen – wie wir „in den Wald rufen“.

Das heißt nicht, dass wir jede einzelne Minute des Tages positiv denken und handeln sollten, weil das nun mal so ist. Unsere Einstellung muss vielmehr Sinn und Zweck haben.

Meisterrekrutierer denken und handeln positiv und sind andauernd optimistisch, weil ihr Denkprozess darauf programmiert ist, nach Lösungen zu suchen.

Sind Meisterrekrutierer mit etwas Negativem konfrontiert, das nichts mit ihnen zu tun hat („ist nicht meine Aufgabe“), dann lassen sie es sofort hinter sich und zwingen so diejenigen, die das Problem haben, sich damit auseinander zu setzen!

Sind sie mit einer negativen Situation konfrontiert, die etwas mit ihnen zu tun hat („ist meine Aufgabe"), dann handeln sie schnell und positiv, um diese zu beeinflussen und zu einem guten Ende zu führen.

In beiden Fällen ist ihre Einstellung und ihr Handeln aus dem Blickwinkel Außenstehender sofort positiv. Und was auf sie zurückkommt, ist daher positiv – und es kommt sofort!

Eine wunderbare Lektion und ein wundervolles Geschenk. Es war großartig, dass sie das mit mir geteilt hat, nicht wahr?

Wer nun die Prinzipien dieses Geheimnisses meistern will: Hier ist „Ihr Job": Führen Sie die folgenden Handlungsschritte durch:

Meine Handlungsschritte um Geheimnis Nr. 3 zu meistern

Meisterrekrutierer wissen, was ihr Job ist – und was nicht

1) War ich mehr damit beschäftigt, potenzielle Geschäftspartner zu überzeugen, als sie auszusortieren (Kreisen Sie ein)?

Ja oder Nein

2) Falls „Ja“: Was kann ich an meinen Präsentationen ändern, damit ich die Leute aussortiere, statt zu versuchen, sie zu überzeugen?

____

____

____

____

____

____

____

____

____

____

____

3) Wenn ich mir meine Liste potenzieller und bestehender Geschäftspartner ansehe: Wer sind die Austern, die ich derzeit in der Hoffnung warm halte, dass sie irgendwann einmal eine Perle produzieren? Und sollte ich das auch weiterhin tun?

Name	weitermachen?	
	Ja	Nein
____________________	Ja	Nein
____________________	Ja	Nein
____________________		

Name	weitermachen?	
______________________	Ja	Nein
______________________	Ja	Nein
______________________	Ja	Nein
______________________	Ja	Nein

4) Höre ich negativen, larmoyanten Leuten zu? Wenn ja, was kann ich tun, damit ich das hinter mir lasse und mein Leben in positivere Bahnen lenke?

____

____

____

____

____

____

____

____

____

____

____

____

____

Geheimnis Nr. 4

Meisterrekrutierer wissen, wofür sie sich engagieren

Dieses Geheimnis hat eine gewisse Ähnlichkeit mit Nr. 3, denn auch hier geht es darum, was zu den eigenen Aufgaben gehört und was nicht. Aber dieses Kapitel geht weit darüber hinaus! Im Geheimnis Nr. 4 geht es darum zu erkennen, wofür man sich engagieren will.

Am Anfang

Als ich unsere Firma *Millionaires In Motion* gründete, habe ich etwas Wichtiges gelernt. Wir waren damals eine der wenigen (wenn nicht gar die *einzige*) Trainings- und Entwicklungsfirmen, die nur für die Network-Marketing-Branche an sich arbeitete. Bei unseren Seminarreisen um den Globus fiel mir ein Phänomen auf, das ich – ich gebe es gern zu – zunächst ziemlich verwirrend fand.

Wenn ich vor Publikum spreche, schaue ich den Leuten gern in die Augen und versuche, ihnen so nahe wie möglich zu kommen. Es ist mir wichtig, ein Gefühl dafür zu entwickeln, was die Leute denken. Wie sie sitzen, die Körperhaltung, die

Augen und der Gesichtsausdruck gibt mir einen Einblick in das, was sie bewegt.

Das Phänomen nun war, dass man die Zuhörer immer in die folgenden drei Kategorien einteilen konnte, ganz egal, wo ich mich befand und wie groß das Publikum auch war.

Zur ersten Kategorie gehörten diejenigen, die Spaß am Ganzen hatten und für die meine Informationen von größtem Wert waren. Häufig kamen Leute aus dieser Gruppe hinterher mit einem dankbaren, ernsten Blick zu mir und sagten in etwa: „Vielen Dank, John. Das hat mir wirklich viel gebracht. Weiter so!“

Wenn jemand einem Anerkennung zollt, fühlt man sich spitze, oder? All die harte Arbeit und die Opfer, die man bis dahin gebracht hat, sind auf einmal der Mühe wert!

Zur zweiten Kategorie gehörten diejenigen, die immer noch damit beschäftigt waren, das Gehörte zu verarbeiten. Sie waren noch nicht sicher, was sie denken oder tun sollten – vielleicht sogar ein wenig verwirrt. Man konnte ihre Gedanken fast sehen. Nicht, dass ihnen das Gesagte nicht gefiel – sie kauten es vielmehr noch einmal durch und überlegten, ob es ihnen etwas brächte.

Sie hatten ja gerade aufs Neue Hoffnung geschöpft – was bei dieser Kategorie auch zu neuen Zweifeln und Befürchtungen führt –, und es hatten sich ihnen neue Möglichkeiten eröffnet: Sie mussten sich daher damit auseinander setzen. Ihre bisherigen Überzeugungen standen unter Beschuss, und sie waren dennoch offen genug, die Möglichkeit in Betracht zu ziehen, dass man die Dinge anders sehen kann.

Meine Beobachtungen und Gespräche mit diesen Leuten zeigten mir, dass sie nur ein bisschen mehr Zeit und Aufmunterung brauchten – und das des Öfteren.

Zur dritten Kategorie gehörten die Verschlossenen. Man konnte es ganz leicht an ihren Blicken erkennen: Ihnen gefiel nicht, was ich sagte. Ich kann mich noch daran erinnern, mir ausgemalt zu haben, wie einer dieser Leute sagte: „Das habe ich alles doch schon mal gehört. Und es funktioniert sowieso nicht. Alles nur Geschwafel von Dummquatschern. Die verdienen sich an den Leuten doch dumm und dusselig mit ihren Büchern und Kassetten."

Vielleicht können Sie sich vorstellen, dass mir dieser Gedanke überhaupt nicht gefiel!

Ich fragte mich dauernd... warum?

Aber wirklich zu schaffen machte mir die Tatsache, die ich anfangs nicht verstehen konnte, dass *ein und dasselbe* Seminar und die *gleiche* Präsentation so unterschiedliche Wirkung hatte.

Ich erzählte den unterschiedlichen Kategorien ja keine jeweils andere Geschichte. Ich erzählte allen das Gleiche: denselben Menschen im selben Saal.

Warum, so fragte ich mich, kam die Botschaft bei der ersten Kategorie gut an, verwirrte die zweite, die nicht genau wusste, was sie damit anfangen sollte, und die dritte dachte und reagierte völlig negativ?

Haben Sie Zweifel? Forschen Sie nach!

Wie Sie nehme auch ich meine Arbeit ernst. Ich stehe nicht nur auf der Bühne, um Anerkennung zu bekommen und wegen des Applauses. Meine Arbeit entspringt meinem Lebensziel, und ich wünsche mir, dass man mich aufgrund meines persönlichen Beitrags zum Wohlsein anderer beurteilt. Das ist die „Arbeit“, für die ich mich entschieden habe, und ich möchte sie so gut machen, wie ich kann.

Sie können sich also vorstellen, dass mich die oben geschilderten unguten Gedanken damals ziemlich beeindruckten.

Ich weiß, ich weiß... „Nimm's nicht so persönlich, John.“ Das sage ich den Leuten selber immer wieder. Und dennoch: Da stand ich und gestattete im Grunde den Leuten, mich zu verletzen – meine Einstellung zu beeinflussen. Am meisten war ich besorgt darüber, ob nicht doch etwas in meiner Präsentation fehlte und die Betreffenden deshalb nicht verstanden, worum es eigentlich ging. Vielleicht machte ich ja irgendetwas falsch. Also forschte ich nach, wo mein „Fehler“ lag und was ich besser machen konnte.

In diesem Zusammenhang sprach ich auch mit einer Reihe erfolgreicher Redner und Trainer der unterschiedlichsten Fachgebiete. Das hat mir die Augen geöffnet!

All diese professionellen Redner und Trainer erzählten mir, sie hätten das gleiche Phänomen beobachtet: dass die Leute in drei Kategorien passen und ein kleiner Prozentsatz immer eine Ablehnungsfront formte. Egal, an welchem Ort sie waren und wie gut ihre Präsentation aussah, es gab immer eine kleine Gruppe, die das Gesagte verhöhnte, sich beklagte und ganz generell negativ gestimmt war. Sie bügelten alles runter, was gesagt wurde – wobei manche sogar den Trainer persönlich angreifen. Meine Kollegen sagten: „John, dir muss einfach klar sein, dass jeder genau das tut, was er tun soll."

Ein sehr guter Freund und Mentor drückte es so aus: „ Dass ein negativ gestimmter Mensch nicht negativ denken und reagieren soll, ist eine ziemlich törichte Idee, John – meinst du nicht auch? Diese Leute tun genau das, was sie tun sollen. Man könnte sagen, sie tun ihre Arbeit."

Dann fügte er noch hinzu: „Und sie werden diese Arbeit, das Aufrechterhalten ihrer negativen Einstellung, beibehalten, bis sie reif für einen Wandel sind. Und bis es so weit ist, können weder du, noch ich, noch sonst jemand etwas dagegen tun."

Das gab mir zu denken. Als ich abends im Bett über seine Worte sinnierte, fiel mir Reinhold Niebuhrs berühmtes *Gebet für Gelassenheit* ein:

Gott gib mir die Gelassenheit,
die Dinge zu akzeptieren, die ich nicht ändern kann,
und den Mut, die Dinge zu ändern, die ich ändern kann,

und die Weisheit, den Unterschied zwischen beiden zu erkennen.

Außer Kontrolle

Halten Sie es nicht auch für vernünftig, Ihre kreativen Energien auf die Dinge zu richten, die Sie unter Kontrolle haben, das loszulassen, was Sie nicht unter Kontrolle haben und die Weisheit zu entwickeln, den Unterschied zwischen beidem zu erkennen?

Natürlich halten Sie das für vernünftig. Das ist der Kern von Geheimnis Nr. 4: **Meisterrekrutierer wissen, wofür sie sich engagieren sollen**.

Es ist der Job mancher Leute, Sie und Ihr Angebot madig zu machen, ganz egal was Sie sagen oder tun.

Haben Sie gelesen, was da steht?

Es reicht diesen Leuten nicht, nur zu sagen: „Ich denke anders als Sie – das ist nichts für mich; aber vielen Dank für all die Information, die Sie uns gegeben haben.“ Nein, sie müssen nicht nur die Nachricht madig machen, sondern auch ihren Überbringer.

Weshalb? Weil sie meinen, ihre Situation nur so im Griff behalten zu können – wobei sie natürlich in Wirklichkeit der ganzen Welt damit zeigen, dass sie gar nichts unter Kontrolle haben!

Sagen Sie mir: Müssen wir mit Leuten einverstanden sein, um ihre Begeisterung anzuerkennen und ihren Versuch, sie auf uns zu übertragen? Natürlich nicht!

Es ist eine Sache zu sagen: „Nein, vielen Dank.“ Es ist etwas ganz anderes, den Geist, in dem das Angebot gemacht wurde, insgesamt abzulehnen. Ist es nicht leichter, mit einer Enttäuschung umzugehen, wenn unser Angebot auf freundliche Art und Weise abgelehnt wird?

Ich bin sicher, dass wir alle weise genug für die Erkenntnis sind, dass sogar die beste „gute Sache“, die wir mit anderen teilen möchten, nicht jedem gefallen wird!

Man braucht Mut

Ob potenzielle Geschäftspartner Ihre Denkweise akzeptieren und teilen, ist nicht so wichtig wie ihre Bereitschaft, sie sich überhaupt erst einmal anzuhören.

Es muss Ihnen klar sein, dass man *Mut* braucht, um sich die Ideen anderer anzuhören und sich dem Wandel zu öffnen.

Weshalb Mut? Weil ohne Mut alles beim Alten bleibt. Es gibt keine Herausforderungen und keinen Wandel. Und was soll daran schon gut sein?

Es gibt kaum etwas, was sich nicht verbessern ließe. Veränderungen und Wandel sind unausweichlich. Veränderungen zum Guten sind überall möglich, und man braucht bereits Mut, um sich dem Gedanken an Wandel wirklich zu öffnen!

Es geht nicht um Sie

Man darf die Worte und Taten eines negativen Menschen nicht persönlich nehmen – wie schwierig das manchmal auch sein mag.

Weshalb? Weil es wirklich nicht um Sie geht. Sie überbringen lediglich eine Nachricht. Diese Leute sind nicht offen dafür. Und wenn sie negativ auf den Überbringer reagieren, dann wahrscheinlich, weil sie nicht den Mut haben, Veränderungen überhaupt in Erwägung zu ziehen.

Ich werde das noch einmal wiederholen, um sicherzustellen, dass Sie es auf sich wirken lassen:

Es liegt nicht an Ihnen, wenn jemand negativ auf Ihre Nachricht – Ihr Geschenk – reagiert, sondern wahrscheinlich vielmehr daran, dass diesem Menschen der Mut fehlt, sich dem Gedanken an persönliche Veränderungen zu öffnen.

Sie stehen vor der Herausforderung, weise genug zu sein, das zu erkennen.

Warum? Weil Sie nur so ausdauernd genug sein werden, Ihre Botschaft anderen beständig und begeistert mitzuteilen. Und es sind diese zahllosen Anderen dort draußen – die Millionen, die für Ihre Botschaft bereit sind und darauf warten –, die von dieser Ausdauer abhängig sind.

Engagieren Sie sich also!

Sie haben zweierlei unter Kontrolle: die *Qualität* Ihrer Botschaft und *wie häufig* Sie sie unter die Leute bringen. Engagieren Sie sich also dafür!

Engagieren Sie sich für die *Qualität* Ihrer Botschaft – so sehr, als hätten Sie eine verrückte und leidenschaftliche Liebesaffäre damit! Fühlen Sie sich Ihrer Botschaft verpflichtet, nähren und hüten Sie sie, und seien Sie ihr loyal ergeben.

Nehmen Sie jede Gelegenheit wahr, die Beziehung zu Ihrer Botschaft zu vertiefen. Überprüfen Sie anhand von Kassetten- oder Videoaufnahmen, wie gut Sie sie vermitteln. Suchen Sie Mittel und Wege, auch die Form Ihrer Präsentation zu verbessern und zu verfeinern.

Zählen Sie mit, wie viele Fragen Sie einem potenziellen Geschäftspartner stellen. Versuchen Sie, die Fragen so zu formulieren, dass sie ihn immer mehr ins Gespräch verwickeln. Achten Sie auf „gefährliche Worte“, die Sie vielleicht aus Gewohnheit verwenden, z. B. „Unterschrift“, „kaufen“, „Kosten“, „ verkaufen“ usw. Ersetzen Sie diese durch wirksamere Worte wie „Teilhaber“, „Investitionen“, „Einzelhandel“ und ähnliche. Verbessern Sie Ihre Präsentation kontinuierlich, sodass sie zur bestmöglichen wird!

Engagieren Sie sich auch für die *Häufigkeit* Ihrer Botschaft. Verpflichten Sie sich selbst, Ihr Geschenk täglich mit anderen zu teilen! Und gehen Sie abends nicht ins Bett, bevor Sie es getan haben. All das können und müssen Sie tun.

Können? Ja, können. Weil das alles Ihrer Kontrolle obliegt.

Müssen? Ja, müssen. Wenn Sie wirklich ein Meisterrekrutierer sein wollen.

Nun, sind Sie bereit, sich für Ihre Botschaft zu engagieren und sie meisterhaft zu bringen? Großartig! Setzen Sie jetzt Ihre Handlungsschritte

Meine Handlungsschritte um Geheimnis Nr. 4 zu meistern

Meisterrekrutierer wissen, wofür sie sich engagieren

Wissend, dass ich die *Qualität* und *Häufigkeit* meiner Botschaft vollständig unter Kontrolle habe...

1) Was kann ich tun, um die *Qualität* meiner Präsentation kontinuierlich zu verbessern und zu verfeinern?

2) Ich verpflichte mich, meine Produkte und/oder mein Angebot jede Woche folgender Anzahl Personen zu präsentieren: (Markieren Sie die Zahlen, für die Sie sich entscheiden.)

1 bis 3 4 bis 6 7 bis 10 11 und mehr

3) Was muss ich tun, um jede Woche so viele Kontakte zu machen?

Geheimnis Nr. 5

Meisterrekrutierer haben einen dienstbaren Geist

Bei meiner Arbeit mit abertausenden Menschen weltweit staune ich immer wieder, dass viele neue Geschäftspartner glauben, sie könnten nur mit den Leuten aus ihrem direkten Umfeld – Familienmitglieder, Freunde und Bekannte – ein höchst erfolgreiches Netz aufbauen. Bei den meisten funktioniert das allerdings nicht.

Mal angenommen, Sie fänden eines Tages bei einem Strandspaziergang eine magische Lampe, eine dieser alten, schmucken Messinglampen – wie Aladins Wunderlampe –, in der ganz bestimmt ein dienstbarer Geist wohnt. Sie reiben an der Lampe, und – Bumm! – in einer Wolke Rauch erscheint Ihnen ein riesiger dienstbarer Geist.

Der Dschinn hat die Aufgabe, Ihnen einen Wunsch zu erfüllen, nicht wahr?

Also verbeugt sich der Geist ganz tief und sagt: „Meister, Ihr Wunsch ist mir Befehl."

Sie denken einen Augenblick lang über Ihren Wunsch nach und sehen sich dabei den Geist genauer an. Seine

Augen sagen: „Na komm schon, Meister, wie wär's? Es gibt Millionen, die ihr letztes Hemd dafür geben würden, jetzt in Ihren Schuhen zu stehen. Was ist Ihr Wunsch?"

Also sagen Sie: „Ich wünsche mir, dass du mich drei Jahre in die Zukunft versetzt und mir das riesige Netz zeigst, das ich aufgebaut habe. Zeig mir die vielen tausend wohlhabenden, glücklichen, finanziell freien Menschen, die sich meinem Geschäft angeschlossen haben und das Leben leben, von dem ich immer geträumt habe. Das zu sehen, würde mich inspirieren."

Also wedelt der Dschinn mit seinem Zauberstab, und – Ali Kabumm, Ali Kasamm! – schon blicken Sie hinab auf ein riesiges Netz begeisterter Network-Marketer. Sie sehen tausende erfolgreiche Menschen ein Geschäft aufbauen: fröhliche, mitteilsame Leute, denen es so gut geht, wie nie zuvor in ihrem Leben. Darunter hunderte Spitzenleute, die andere ausbilden und inspirieren und selber enorme Netze aufbauen.

Sie blicken kurz zum Dschinn, und dieser meint: „Sehr gut, Meister. Sie haben Recht, das ist wirklich inspirierend."

Überraschung!

Und während Sie so über Ihrem großen, sehr erfolgreichen Netz schweben, fällt Ihnen zu Ihrem Erstaunen auf:

Sie erkennen kein einziges Gesicht!

Sie wenden sich Ihrem dienstbaren Geist erneut zu: „Mir ist keiner dieser Leute bekannt. Niemand. Diese Menschen, diese Freunde – sind mir alle völlig fremd!"

Der Dschinn lacht, dass die Erde bebt. Er neigt sich über Sie und sagt: „Das ist wahr, Meister. *Das ist die Zauberkraft des Network-Marketings.*“

Und es ist wirklich wie verzaubert.

Warum? Weil Sie die besten Spitzenkräfte, die Ihr Unternehmen in 3 bis 5 Jahren florieren lassen werden, höchstwahrscheinlich noch nicht kennen! Sie haben wahrscheinlich nicht die geringste Ahnung, wer diese Leute sind und woher sie kommen.

Das führt uns zu einem äußerst wirkungsvollen Werkzeug, das Sie als Meisterrekrutierer sofort nutzen können: die Fähigkeit, auf Anhieb einen guten Draht herzustellen und bei jedem, den Sie treffen, einen guten Eindruck zu hinterlassen.

Man hat nur ein Mal die Gelegenheit...

„Man hat nur ein Mal die Gelegenheit, einen guten ersten Eindruck zu machen.“ Das haben Sie wahrscheinlich schon öfters gehört und nicht ohne Grund. Und wenn Sie bedenken, dass Sie Ihre künftigen Superstars noch finden müssen, ist der gute erste Eindruck sogar noch wichtiger.

Meisterrekrutierer wissen, dass man kaum vorhersagen kann, wer in Zukunft zur Spitzenkraft wird. So mancher Profi aus gehobenen Berufen – Ärzte, Rechtsanwälte, Ingenieure und Makler beispielsweise – hat sich dem Network-Marketing voller Begeisterung angeschlossen, nur um ein paar Monate später entnervt wieder auszusteigen.

Im Gegenzug dazu haben Leute, bei denen man das nicht für möglich gehalten hat, es bis an die Spitze geschafft: Hausmädchen, Barkeeper, 60-jährige Hausfrauen („Ich habe seit über 30 Jahren nicht mehr gearbeitet!“), Studenten, Menschen aus allen Wirtschaftsbereichen, die am Boden lagen..., sind zu Megastars der Branche geworden.

Worum es hier geht?

Viele Amerikaner erinnern sich noch an die Zeit, als man glaubte, jeder könne Präsident werden. Im Network-Marketing kann jeder – und ich meine wirklich *jeder* – die obersten Leistungs- und Erfolgssprossen erklimmen, egal ob auf finanzieller, organisatorischer, persönlicher, professioneller oder welcher Ebene auch immer!

Und da der erste Eindruck, den Sie auf potenzielle Geschäftspartner machen, diese auf eine lange Reise ins unendliche Reich der Network-Marketing-Möglichkeiten schicken könnte, sollte es der beste sein, den Sie machen können. Dem stimmen Sie doch zu, oder?

Ich kenne Sie bereits!

Leute, die uns kennen, haben bereits einen Eindruck von uns. Das gilt insbesondere für unsere Familie, Freunde und nähere Bekannte. Ob es Ihnen gefällt oder nicht, man hat sie bereits in die eine oder andere Schublade gesteckt.

Das ist nur logisch. Wer uns lange kennt, wird wahrscheinlich auch weiter so über uns denken, wie er es schon immer getan hat. Vor einiger Zeit traf ich ein paar alte Freunde von der Highschool wieder. Ich hatte sie seit 30 Jahren nicht mehr gesehen. Einige konnten einfach nicht glauben, was aus mir geworden war. Sie sahen mich noch immer so, wie ich damals war: ruhig, still, manchmal auch ziemlich nervig! Es ist schwer, einen einmal gemachten Eindruck zu revidieren.

Für Leute, die Sie gerade zum ersten Mal treffen, sind Sie hingegen ein unbeschriebenes Blatt. Sie haben die Chance, jeden Eindruck zu wecken, den Sie wecken wollen – jeden!

Wenn Sie hochgradig positiv und professionell wirken, wird der Eindruck, den man von Ihnen und Ihren Produkten gewinnt, entsprechend positiv und professionell sein. Wirken Sie jedoch negativ und grüblerisch, bekommt man eben diesen Eindruck von Ihnen.

Daher sollte man die Macht des ersten Eindrucks keinesfalls unterschätzen.

Wie hinterlässt man den bestmöglichen Eindruck?

Meisterrekrutierer sind Meister der harmonischen Kontaktaufnahme

Das Eis ist gebrochen – der gute Draht steht –, wenn sich zwei oder mehr Leute in einer Beziehung allesamt wohl, offen und entspannt fühlen. Würden Sie der Aussage zustimmen, dass jemand, der sich bei Ihnen gut aufgehoben fühlt, ein offenes Ohr für Sie hat? Aber sicher doch.

Haben Sie schon mal jemand in einem gesellschaftlichen oder geschäftlichen Umfeld getroffen, bei dem Sie schon nach ein paar Minuten das Gefühl hatten, als würden Sie ihn ewig kennen? Das Gespräch war frei und offen, und sie hatten beide das Gefühl, sich leicht und mühelos mitteilen zu können. Es gab viele Gemeinsamkeiten – was sie mochten und was ihnen weniger gut gefiel. Und sie hatten beide großes Interesse aneinander. So etwas ist die reinste Magie, nicht wahr?

Wussten Sie allerdings, dass Sie zu fast jedem Menschen, den Sie treffen, einen solchen Draht herstellen können?

Wirklich. Sie können das, wenn Sie die Kunst – und Wissenschaft – harmonischer Kontaktaufnahme gemeistert haben.

Natürlich besteht die Aufgabe mancher Menschen darin, jeder Art von Beziehung aus dem Weg zu gehen. Stoßen Sie auf so jemand, dann kämpfen Sie nicht gegen Windmühlen. Wünschen Sie ihm das Beste, und gehen Sie weiter.

Ganz gewiss haben auch Sie schon mal jemand aus Grummelstadt getroffen, wenn Sie gerade bester Stimmung waren. Er oder sie beantwortet Ihr begeistertes: „Hallo, wie geht's Ihnen?" entweder mit einem unzufriedenen Grummeln oder geht Ihnen ganz aus dem Weg. Was dann?

Ich sage Ihnen, was Sie *keinesfalls* tun sollten. Umschwirren Sie diese Leute nicht in der Hoffnung, ihren Zustand ändern zu können. Es ist wie bei den Austern in Geheimnis Nr. 3. Auf 100 Austern kommen 10 Perlen. Wenn Sie eine Auster mit einer zweifelhaften Einstellung öffnen – keine Perle, sondern Gegrummel, weil man die Frechheit hatte, sie zu öffnen –, dann schließen Sie sie wieder sanft und legen sie dorthin zurück, wo sie herkam.

Wenn Sie auf unfreundliche Menschen stoßen, gehen Sie weiter.

Sie müssen verstehen, dass die Mehrheit der Menschheit absolut bereit ist, sich eine gute Zeit mit Ihnen zu machen. Mit den Techniken des Matchings (Angleichens) und Spiegelns bekommt man zu den meisten Menschen ausgezeichneten Kontakt – auch zu Fremden, die man gerade erst getroffen hat.

Ich will das hier nicht in allen Einzelheiten erläutern. Es gibt ausgezeichnete Bücher zur Kunst und Wissenschaft – denn es ist wirklich eine *Wissenschaft* –, wie man harmonisch Kontakte knüpft. Hier aber ein paar Tipps aus den jüngsten Werken von Leuten, die NLP (Neurolinguistisches Programmieren) studieren und praktizieren. NLP befasst sich mit der Kunst und Wissenschaft der Kommunikation.

Matching (Angleichen) und Spiegeln

Haben Sie schon mal Leute im Restaurant beobachtet, insbesondere Pärchen? Ich mache das liebend gern. Es macht Spaß. Restaurants sind perfekt für die Beobachtung von Menschen.

Vor kurzem beobachtete ich ein Paar beim Mittagessen. Der Mann redete ab und zu; die Frau versuchte etwas zu vermitteln, senkte aber nach jedem Satz den Blick oder schaute woandershin. Er sah ins Menü und an die Decke. Sie fummelte an ihrem Make-up und kramte in der Handtasche. Er saß halb von ihr abgewandt, und ihre übereinander geschlagenen Beine zeigten in die entgegengesetzte Richtung.

Wenn ich so etwas sehe, frage ich mich: Sind die gemeinsam gekommen, oder treffen die sich hier nach einem Gerichtstermin? Bei manchen hat es den Anschein, als gehörten sie nicht zusammen – als seien sie Fremde oder gar Feinde!

Andererseits sieht man immer wieder Paare in ein intensives Gespräch vertieft. Beide lachen und gestikulieren. Er streckt die Hand über den Tisch, um ihren Arm zu berühren. Sie lächelt ihn an, bisweilen auch ein wenig verschmitzt, und neigt den Kopf immer wieder nach links oder rechts, was er dann auch macht. Sie sitzen auf der Stuhlkante, um sich so nah wie möglich zu sein. Bei solchen Menschen geht es ab – sie haben einen guten Draht. Jeder kann sehen, dass sie viel Spaß miteinander haben.

Power-Lunches

Es macht mir auch viel Spaß, den Arbeitsessen – Power-Lunches nennt man das heute – von Geschäftsleuten zuzusehen. Ich versuche herauszufinden, welche Stellung die Beteiligten jeweils haben. Das macht Laune. Wer ist Verkäufer? Wer entscheidet? Wer ist als Management-Assistent nur Zaungast? Nachdem ich das nun seit vielen Jahren tue, kann ich anhand dessen, wie die Leute einander ansehen und aufeinander reagieren, genau sagen, wie es um die Beziehung steht.

Ein Tisch, an dem jeder eine andere Haltung einnimmt, in einem unterschiedlichen Tempo spricht und in verschiedene Richtungen blickt, ist nicht in Harmonie – diese Leute sind einander *egal*. Wenn es sich um ein Geschäftsessen handelt, können Sie problemlos darauf wetten, dass die Leute mit den gleichen Herausforderungen gehen, mit denen sie gekommen sind.

Man kann sehen, wenn Leute wirklich gut miteinander auskommen: Sie spiegeln einander mehrfach. Spiegeln ist eine Technik, bei der man das Verhalten oder eine Geste der Person, mit der man gerade redet, *retourniert*. Meisterrekrutierer beobachten ihre potenziellen Geschäftspartner und spiegeln sie, indem sie ihr eigenes Verhalten dem ihres Gegenübers angleichen.

Wir wollen uns hier mit einigen Aspekten dieser Methode befassen und dazu Beispiele anführen:

Körperhaltung

Achten Sie darauf, wie Ihr Gegenüber steht oder sitzt. Welche Position haben die Arme? Welche Gesten macht er? Beachten Sie die Kopfneigung. Hat Ihr Gegenüber seine Beine übereinander geschlagen? Lehnt er sich zurück, oder sitzt er auf der Stuhlkante? Steht er in nächster Nähe oder ein bisschen weiter weg?

Spiegeln Sie nun diese Haltung.

Achten Sie auf unterschiedliche Körperhaltungen und welche Einstellungen damit einhergehen. Was denken Sie beispielsweise geht in Ihrem Gegenüber vor, wenn er die Arme fest verschränkt? Was, wenn er oder sie sich zurücklehnt und die Hände hinter dem Kopf faltet? Was, wenn Ihr Gegenüber vorn auf der Stuhlkante sitzt und sich zu Ihnen hinbeugt?

Die Körperhaltung hat genauso viel Gewicht wie die Worte, die man spricht. Manchmal sogar mehr, weil sie sehr viel ehrlicher als Worte ist. Vielleicht haben Sie auch schon mal gehört, dass 80 Prozent unserer Kommunikation nonverbal abläuft. Das stimmt.

Was machen Sie draus, wenn jemand mit gekreuzten Beinen tief im Sessel sitzend, seitlich orientiert, sich zurücklehnt und die Arme fest verschränkt? Und was, wenn dieser Mensch nun sagt: „Ihr Angebot interessiert mich“?

Wer’s glaubt...

In Wirklichkeit signalisiert er nonverbal, dass keinerlei Interesse besteht, und zwar mehrfach. Kommt mir ganz so vor, als würden Leute wie diese bestenfalls zu erkennen geben, dass sie es „als ihre Pflicht betrachten“, Ihnen zuzuhören.

Wie können Sie so jemand mit den Techniken des Spiegelns und Matchings helfen, sich zu entspannen und sich Ihnen zu öffnen?

Nehmen Sie versuchsweise mal die gleiche Körperhaltung an wie er. *Spiegeln* Sie sie körperlich. Nach ein paar Minuten öffnen Sie sich, wenden sich ihm langsam zu und rutschen auf Ihrem Stuhl nach vorn. Man nennt das: „Dem Gegenüber auf halbem Wege entgegenkommen."

Übrigens: Machen Sie sich keine Gedanken darüber, dass Ihr Verhalten vielleicht auffällt und man Sie für ein wenig verrückt hält. Das geschieht nicht. Es ist ein äußerst subtiles Verhalten – mit erstaunlichen Ergebnissen.

Wenn Sie das nächste Mal auf eine Party gehen, achten Sie darauf, wie die Leute zusammenstehen. Manche Leute kommen sich ganz nahe, sie „springen einem fast ins Gesicht." Andere halten einen gewissen „Sicherheitsabstand". Auch das ist eine Gelegenheit, die Körperhaltung Ihres Gesprächspartners zu spiegeln. Sie wissen bestimmt, wie unangenehm es ist, wenn man jemandem zu dicht auf den Pelz rückt, der gerne ein wenig Platz um sich hat. Es bringt etwas, wenn man „Leuten ein wenig Raum lässt."

Aber man kann nicht nur die Körperhaltung matchen und spiegeln, es gibt noch weitere Bereiche, in denen diese Techniken Anwendung finden.

Atmung

Unsere Atmung ist unterschiedlich. Manche atmen langsam und tief, andere eher oberflächlich und schneller.

Aber die Atmung gehört genauso zur Kommunikation wie die Körperhaltung. Ist Ihnen nicht auch schon aufgefallen, dass Sie ganz anders atmen, wenn Sie angeregt und glücklich sind? Man atmet ein wenig schneller – und weiterhin tief. Wenn man Befürchtungen oder Angst hat, atmet man auch schneller – aber oberflächlicher.

Sie können Ihre Atmung der Ihres potenziellen Geschäftspartners angleichen und dadurch ein harmonisches gemeinsames Atmen bewirken.

Viele Praktiker heilender Berufe und Masseure haben schon vor langer Zeit erkannt, wie wichtig es ist, die eigene Atmung der des Klienten anzugleichen. So stimmt man sich ein. Ist der Einklang erst einmal hergestellt, kann man die Atmung des anderen langsam ändern, indem man das mit der eigenen tut.

So kann man durch die Angleichung der Atmung anfangen, einen guten Draht zu anderen herzustellen.

Augenbewegungen

Ist Ihnen auch schon mal aufgefallen, dass manche Menschen Sie ansehen und andere die Augen wandern lassen und Ihnen fast nie „in die Augen“ sehen?

Gleichen Sie Ihre Blickrichtung der Ihres Gegenübers an. Kaum etwas anderes weckt so große Befürchtungen, als jemand anzustarren, der sich nicht traut, einem in die Augen zu sehen. Kaum etwas nervt einen Menschen, der Sie direkt ansieht, so sehr, als wenn Sie dauernd woanders hinsehen und seinen Blick nie erwidern. Sich der Blickrichtung seines Gesprächspartners anzugleichen, ist ein sehr wirksames Instrument.

Die Augenbewegungen können eine ganz eigene Geschichte erzählen. Ich will Ihnen ein Erlebnis schildern:

Fenster der Seele

Wir veranstalteten mal eine Party bei uns zu Hause, wo die Gäste ihr Lieblingsessen für jeden mitbringen sollten. Die Frau eines Freundes brachte wunderbares mexikanisches Essen mit, das sie mir in der Tür zur Küche präsentierte. Ich dankte ihr, nahm die Schüssel und wollte sie irgendwo zu den anderen auf den Küchentisch stellen. Da bemerkte ich, wie sie das Gesicht leicht verzog. Ich hielt inne und sagte laut: „Das sieht zu gut aus, als dass man es irgendwo zwischen die anderen Schüsseln stellen könnte. Margret, kannst du in der Tischmitte ein wenig Platz machen, damit ich die Schüssel dort hinstellen kann?“

Wenn Sie ihr Gesicht nun gesehen hätten und das Glänzen ihrer Augen, würden sie nie wieder an der Macht des Gesichtsausdrucks zweifeln. Eine uralte Weisheit besagt: „Die Augen sind das Fenster zur Seele.“ Bei Margret gaben sie ihre Dankbarkeit ganz deutlich zu erkennen – und wie stolz sie auf ihre Kochkunst war!

Noch etwas zu den Augen: die Blickrichtung. Wenn Sie mit Leuten reden, insbesondere, wenn Sie ihnen gerade eine Frage gestellt haben, sollten Sie darauf achten, ob sie nach oben, zur Seite oder nach unten schauen. Diese Richtung enthüllt die Grundorientierung: visuell (Augen nach oben, so als stellte man sich Bilder vor), auditiv (Augen blicken seitwärts hin und her, so als wollten sie besser hören) oder kinästhetisch (Augen nach unten, um besseren Kontakt zu den Gefühlen zu bekommen).

Sprechweise

Die meisten Menschen gehören in folgende drei Kategorien:

Visuell orientierte Menschen reden davon, wie sie „die Dinge sehen“ und reden (und atmen) überdurchschnittlich schnell. Sie sprechen gern in Bildern, weil sie auf diese Weise auch Erinnerungen abspeichern. Ihr Sehsinn ist bei der „Verarbeitung“ von Erfahrungen dominant.

Visuell orientierte Menschen sagen einem dauernd, was sie an anderen *sehen.* Außerdem sehen sie Szenen und Begebenheiten häufig sehr detailliert und können sie mit Leichtigkeit schildern.

Mir ist aufgefallen, dass man bei visuell orientierten Menschen gut ankommt, wenn man ihnen „das Ganze skizziert“ oder sie „ins Bild setzt“.

Auditiv orientierte Menschen erinnern sich am besten an Geräusche, Stimmen und Gespräche.

Sie respektieren und schätzen das gesprochene Wort. Sie sprechen mit moderater Geschwindigkeit, artikulieren deutlich und wählen die Worte sehr genau. Mit diesen Leuten führt man gern ein Gespräch. Sie lieben Witze, Geschichten und detaillierte Beschreibungen.

Nicht erstaunlich, dass auditiv orientierte Menschen gute Zuhörer sind. Und Sie können sich sicherlich vorstellen, dass sie es Ihnen hoch anrechnen, wenn Sie ihnen gut zuhören.

Kinästhetisch orientierte Menschen verarbeiten Erfahrungen anders, vor allem aber mit dem Gefühl. Sie sind emotional. Es fällt ihnen aber häufig nicht leicht, ihre Gefühle in Worte zu fassen, und wenn sie sprechen, dann langsam und leise. Sie atmen tief.

Diese Menschen schütteln eine Hand gern mit *beiden* Händen. Und sie berühren und umarmen einen genauso gern.

Dieser Menschenschlag ist intuitiv veranlagt. Tatsachen sind ihnen weit weniger wichtig, als dass „das Gefühl stimmt". Sie können diese Menschen mit dieser Frage dazu verlocken, etwas zu sagen: „Karl, was sagt Ihnen Ihr Gefühl dazu?" Oder: „Wie fühlen Sie sich dabei?"

Hüten Sie sich davor, auf kinästhetisch orientierte Menschen zu viel Information auf einmal loszulassen. Sie kommen sehr viel weiter, wenn Sie sich *gefühlsmäßig* auf sie abstimmen. Verstecken Sie nicht, wie Sie sich fühlen, und ermutigen Sie sie, ihre Gefühle mitzuteilen.

Meister der Verständigung

Meisterrekrutierer sind Meister der Verständigung. Dabci rede ich nicht von der Fähigkeit, andere mit Techniken zu manipulieren. Ich rede vielmehr von der Fähigkeit, einen Kontext für eine tiefe und authentische, auf Verständigung basierende Beziehung zu schaffen.

Wer Leute für sein Network-Marketing-Angebot rekrutieren will, muss um die tiefsten Beweggründe, Wünsche und Träume des anderen wissen. Aber wer erzählt das schon einem Fremden, den er gerade erst kennen gelernt hat? Das teilt man mit Freunden, mit Leuten, denen man vertraut und zu denen man einen guten Draht hat. Und dennoch bringen Meisterrekrutierer es fertig, Fremde innerhalb von wenigen Minuten dazu zu bringen, ihnen ihre geheimsten Herzenswünsche zu offenbaren.

Warum? Weil sie die Kunst der Verständigung gemeistert haben – und das fängt mit einem guten Draht an.

Haben Sie auch schon mal jemand getroffen – als Sie gerade total von etwas begeistert waren – und konnten dann nicht anders, als vor Begeisterung zu explodieren? Mir ist das jedenfalls schon passiert.

Da stehe ich und sprudele über vor guter Laune und rede ellenlang über dies und jenes, und jedem, der uns beide sehen würde, würde auffallen, dass mein Gegenüber in sich zusammensinkt und schon bald nichts mehr sagt.

Es ist, als stünde ich im 10. Stock eines Wolkenkratzers (weil ich in diesem höchst visuellen Zustand bin) und rufe jemandem im 1. Stock zu (der kinästhetisch orientiert ist), dass er endlich einsehen soll, was ich sage. Sie können mir glauben: Das funktioniert nicht.

Sie müssen zuerst bestimmen, auf welchem Stockwerk sich Ihr potenzieller Geschäftspartner befindet, dann den Aufzug dorthin nehmen – rauf oder runter – sodass Sie sich auf der gleichen Ebene verständigen können. Und genau darum geht es, wenn man einen guten Draht herstellen will: Man muss die Verantwortung dafür übernehmen, die Ebene (bzw. das Stockwerk) zu bestimmen, auf dem der potenzielle Geschäftspartner sich befindet und muss dann dort mit ihm kommunizieren.

Sehen Sie, was ich meine?

Hören Sie, was ich sage?

Haben Sie ein Gefühl dafür, was ich Ihnen mitteilen möchte?

Großartig! Steht der gute Draht – Sie kommunizieren auf der Ebene des Gegenübers, und es herrscht Vertrauen –, dann können Sie ihn in das Stockwerk mitnehmen, das Ihnen am besten passt! Zuerst müssen Sie jedoch einen guten Draht haben, damit die Leute mitgehen wollen.

Ich denke..., ich fühle...

Mir ist noch etwas aufgefallen, das bei Meistern gut funktioniert. Die meisten Leute sind in ihrer Grundstruktur entweder intellektuell oder emotional. (Das hat sicherlich auch etwas mit der Dominanz der rechten oder linken Gehirnhälfte zu tun.) Mir ist in Gesprächen immer wieder aufgefallen, dass die Leute entweder sagen: „Ich denke" dieses oder jenes, oder sie sagen: „Ich habe das Gefühl, dass..."

Wenn Sie mich jemals in einem Workshop oder Seminar erlebt haben, wird Ihnen aufgefallen sein, dass ich im Laufe meiner Präsentation sowohl „das Gefühl habe, dass" dieses oder jenes so oder so sei, oder dass ich das „denke". Ich versuche jeden mit einzuschließen, damit ich mit den unterschiedlichsten Leuten gleichzeitig eine Verbindung eingehen und mich mit ihnen verständigen kann.

Ich war anfangs ganz erstaunt von den guten Ergebnissen, wenn ich im Verlauf meiner gesamten Präsentation mit den Denkern „dachte" und mit den Gefühlsmenschen „das Gefühl hatte". Der Prozentsatz der Leute, die mein Angebot annahmen, nahm dramatisch zu!

Meisterrekrutierer sind Meister der Verständigung, weil sie andere meisterlich spiegeln und matchen. Das ist einer der Hauptgründe, weshalb sie viel mehr „Jas" als „Neins" zu hören bekommen!

Ich rate Ihnen also eindringlich, sich kundig zu machen, wie man einen guten Draht zu anderen bekommt. Wenden Sie die hier geschilderten Grundregeln an. Üben Sie sich, und beobachten Sie, wie die Leute Ihnen antworten und auf Sie reagieren, und Sie werden im Laufe der Zeit viele Kommunikationstechniken meistern. Sie werden nicht mal mehr darüber nachdenken, was Sie tun. Sie werden automatisch Ihr Bestes geben, damit die Leute, die Sie treffen, sich in Ihrer Gegenwart entspannen. Schon schnell wird eine vertrauensvolle Atmosphäre herrschen, und Sie werden offene und ehrliche Gespräche mit fast jedem führen können, der Ihnen begegnet. Sie werden schon bald „unbewusst kompetent“, wie man unter NLP-Fachleuten sagt.

Eine Schlussbemerkung: Die Wissenschaft des NLP ist äußerst komplex und weit gefasst. Sie brauchen nicht alles zu lernen, um zu wissen, wie man einen guten Draht herstellt. Gehen Sie Schritt für Schritt vor. Bedenken Sie, dass ein guter Draht meist zu einer tieferen, bedeutsameren Beziehung führt.

Die Welt kann ziemlich einsam sein. Wenn immer mehr Menschen im Lauf der Zeit zu Meistern der Verständigung werden, Meister des harmonischen Kontakts, wird die Menschheit insgesamt näher zusammenrücken.

Erinnern Sie sich noch an den Dschinn und die Vision (den Wunsch), die er Ihnen zeigte (erfüllte)? Sie kennen die besten Spitzenleute der Zukunft noch nicht, ja, noch nicht einmal die Leute, die diese anwerben werden.

Jeder Fremde, den Sie von nun an treffen, ist ein potenzieller Manager, Direktor, Supervisor, Diamant oder gar Kaiser!

Erforschen Sie also die Kunst und Kunde der harmonischen Kontaktaufnahme und wie man Freunde macht, und die Welt, liebe Freunde, wird eure Auster!

Okay: Ich verwette meinen Hut darauf, dass Sie ganz genau *sehen*, wie Sie dieses Geheimnis fruchtbar machen. Sie geben sicherlich gern zu, dass die Idee zu lernen, wie man ein Meister harmonischer Kontaktaufnahme wird, hervorragend *klingt*! Sind Sie bereit, ein *Gefühl* dafür zu entwickeln, was Sie tun müssen, um dorthin zu gelangen? Befriedigen Sie all Ihre Sinne, und machen Sie die folgenden Schritte!

Meine Handlungsschritte um Geheimnis Nr. 5 zu meistern

Meisterrekrutierer haben einen dienstbaren Geist

1) Welchen Eindruck möchte ich bei Leuten hinterlassen? Wie sollen sie von mir denken?

____

____

____

____

2) Was kann ich tun, um mehr über die Kunst und Wissenschaft der harmonischen Kontaktaufnahme in Erfahrung zu bringen? Welche Bücher kann ich lesen, welche Audios hören, welche Ausbildungen kann ich machen, an welchen Seminaren teilnehmen? (Weitere Empfehlungen hinten im Buch.)

Geheimnis Nr. 6

Meisterrekrutierer bauen liebend gerne Brücken

Sie haben mit Hilfe des „Dschinn“ in die Zukunft geblickt und gesehen, dass die besten Spitzenkräfte Ihrer Organisation Leute sind, die sie noch nicht getroffen haben. Ihnen ist die Kraft des ersten Eindrucks bewusst und wie Sie einen guten Draht zu Leuten herstellen, und außerdem kennen Sie das Gesetz der Network-Marketing-Mittelwerte (10 Perlen auf 100 Austern). Sehen wir uns nun also das Geschäft näher an und die Kunst, Leute zu Freunden zu machen.

Meisterrekrutierer lieben den Gedanken und ihre unbegrenzten Möglichkeiten, sich die Welt zu eigen zu machen. Sie verstehen auch, dass man nie genau weiß, wo man Perlen findet. Sie könnten überall auftauchen.

Man kann sie im Museum, auf einer Party, in einem Restaurant, einer Bar oder Lounge, in einer Hotellobby, in der Schlange vor der Supermarktkasse, im Zug, im Flugzeug oder bei einem Basketballspiel finden. Nennen Sie einen Ort, und egal wie weit weg oder ungewöhnlich er auch sein mag, man könnte dort eine Perle finden – *wenn man danach Ausschau hält!*

Ich kenne einen Meisterrekrutierer, der eine Putzfrau beschäftigte. Heute ist diese Frau eine Spitzenkraft mit einem sechsstelligen Einkommen. Ein anderer Meisterrekrutierer entdeckte, dass der Page des Hotels, wo er seine Chancen-Meetings veranstaltete, eine Perle war. Wieder eine andere Perle wurde bei – und das finde ich wirklich erstaunlich! – einem Autounfall entdeckt! Niemand wurde verletzt, und der Meisterrekrutierer konnte die Frau, deren Stoßstange eine Delle hatte, in seine Organisation aufnehmen!

Wenn Sie mal was Lustiges machen wollen, dann fragen Sie doch die Meisterrekrutierer, die Sie treffen, wo er oder sie den Menschen getroffen hat, der ihn/sie ins Geschäft eingeführt hat. Manch eine Geschichte wird Sie ins Staunen versetzen.

Was ist schon ein Fremder?

Die meisten Leute finden es leichter, mit Leuten zu reden, die sie bereits kennen. Sie wissen schon: Man redet lieber mit „Freunden“ als mit „Fremden“.

Hier eine sehr wirksame Wahrheit, nach der die Meister leben: *Ein „Fremder“ ist ein Freund, den man noch nicht getroffen hat.*

Wenn Sie also im Network-Marketing ein riesiger Erfolg sein wollen – ein Meisterrekrutierer höchster Güte (und höchster Gage!) –, dann verwandeln Sie sich in eine Menschen-Treff- und Freundschafts-Schließ-Maschine. Wie man dazu wird?

Jeder mir bekannte Meisterrekrutierer hat folgendes Motto. Man könnte fast sagen, es sei ihnen auf die Innenseite der Stirn tätowiert, damit sie es immer sehen, wenn sie in die Welt blicken, neue Leute treffen und sie zu Freunden machen. Hier ist es:

Den Leuten ist egal, wie viel ich weiß, bis sie wissen, wie sehr ich mich um sie kümmere.

Dieses Motto habe ich von Cavat Roberts gelernt, Gründer der *National Speakers Organization.* Wenn Herr Roberts ein Talent hatte, das all seine anderen Fähigkeiten überstieg, dann, dass er völlig fremde Menschen zu Freunden machen konnte.

Und Freundemachen gehört zu den Grundeigenschaften jedes Meisterrekrutierers. *Machen Sie also als erstes Freunde!*

Leider sind Männer und Frauen, die neu in unserem Geschäft sind, meist so darauf erpicht, Leute in ihr Netz aufzunehmen, dass ihnen bei Begegnungen mit Unbekannten als Erstes etwa Folgendes rausflutscht: „Hallo, ich bin der begierige Bert. Wollen Sie mein neuer Geschäftspartner werden?“

Falsch!

Machen Sie die Leute *erst* zu Freunden! Die Zeit, die Sie darauf verwenden, bewirkt Wunder.

Die Suche nach...

Hier noch etwas Wichtiges, woran Sie immer wieder denken sollten: Wenn Sie die Kunst Freunde zu machen gemeistert haben, *brauchen Sie nie wieder nach potenziellen Geschäftspartnern zu suchen!*

Ich möchte, dass Sie ernsthaft über die Frage nachdenken, die ich Ihnen jetzt stelle.

Was würden Sie lieber tun?

1. Leute für Ihr Network-Marketing-Geschäft zu rekrutieren? Oder:

2. Viele Freunde machen?

Wobei verspüren Sie weniger Druck? Wobei müssen Sie die Leute kaum überzeugen – ohne Zwang, ihnen etwas verkaufen zu wollen? Was macht mehr Spaß? Und was wird Ihnen größere Belohnungen und Reichtum verschaffen?

Die Antwort eines Meisterrekrutierers auf all diese Fragen ist Antwort 2: „Viele Freunde machen." Das ist die erste *Brücke*, die sie bauen, wenn Sie Leute treffen. Aus diesem Grund sagen wir, dass Meisterrekrutierer liebend gern Brücken bauen. Und die Rampe, die sie dafür nutzen, ist der erste Eindruck und gute Draht, über den wir in Geheimnis Nr. 5 gesprochen haben.

Die Freundschaftsbrücke

Nachdem man einen guten ersten Eindruck gemacht und einen guten Draht hergestellt hat, ist es Zeit für den nächsten Schritt, den Meisterrekrutierer „Freundschaftsaufbau" nennen.

Fragen Sie sich mal Folgendes: Was gilt für all Ihre Freunde?

Da fällt Ihnen vielleicht eine ganze Liste ein, und dazu gehört sicher auch: „Meine Freunde sind sehr an *mir* interessiert.“ Stimmt’s?

Fast alle Menschen haben die Eigenschaft, sich für diejenigen zu interessieren, die sich auch für sie interessieren. Gilt das auch für Sie? Für mich und meine Freunde ganz sicher.

Wir haben schon davon gesprochen, dass erfolgreiche Network-Marketer viel Wert darauf legen, Menschen zu treffen und neue Freunde zu machen. Dazu muss man sehr neugierig auf andere sein. Und genau das sind Meisterrekrutierer: Ihre Neugier auf die Leute, die sie treffen, ist unersättlich.

Was, wenn Sie diese Neugier nicht verspüren? Dann entwickeln Sie sie. Wie?

Das menschliche Wesen studieren

Ein Freund hat mir eine wunderbare Geschichte mit einer starken Pointe erzählt, die ich an Sie weitergeben möchte.

Ein bekannter Psychologe wollte ein Experiment durchführen, das seine Lieblingstheorie beweisen sollte.

Er buchte einen Flug erster Klasse von New York nach Los Angeles. Und das war sein Experiment: Im Flugzeug würde er ein Gespräch mit dem Sitznachbarn beginnen. Die Regel für den fünfstündigen Flug lautete dabei: *Er durfte nichts über sich erzählen*. Er durfte die Person lediglich befragen.

Er setzte sich also neben einen Herrn und begann das Gespräch, ohne sich vorzustellen.

In Los Angeles wartete ein Forschungsteam am Flugzeug, das den Gesprächspartner sofort zu einer kurzen Befragung mitnahm.

Die Forscher fassten ihre Resultate mit der Schilderung zweier außerordentlicher Tatsachen zusammen:

1. Der Passagier erzählte den Forschern, dass der Mann neben ihm (der Psychologe, der die Fragen gestellt hatte) der interessanteste Mensch war, der ihm jemals begegnet ist! Und...

2. Er kannte noch nicht mal seinen Namen!

Interessant, nicht wahr?

Eines der wichtigsten Instrumente, um Freundschaften zu schmieden, ist, mit Fragen anderen unser ernstes Interesse an ihnen zu zeigen.

Die Frage ist...

Welche Fragen sollte man stellen?

Ganz einfach: solche, die Ihnen helfen, alles über Ihr Gegenüber in Erfahrung zu bringen. Zum Beispiel:

Wo wohnen Sie? (Die meisten Leute sind stolz auf ihren Wohnort. Wenn nicht, dann haben sie auch darüber viel zu erzählen.) Wie lebt es sich dort? Was gefällt Ihnen dort am meisten? Wie sieht Ihre Wohnung aus? Wie steht es mit den Nachbarn? Läden? Schulen? Parks und anderen Sehenswürdigkeiten? Wo haben Sie vorher gewohnt? Wie war es dort?

Haben Sie Familie? Was machen Sie beruflich? Welche Hobbys haben Sie? Wohin sind Sie schon gereist? Und so weiter...

Fragen zu stellen ist jedoch nur die eine Hälfte der Gleichung. Die andere Hälfte ist: sich *die Antworten gut anzuhören.*

Ich bin Ihnen weit vor...

Wussten Sie, dass ein durchschnittliches Gehirn Informationen 300-mal schneller assimilieren, interpretieren und verarbeiten kann, als sie zu äußern? Kein Wunder, dass unsere Aufmerksamkeit manchmal nachlässt. Wir haben die natürliche Neigung, den Menschen weit vor zu sein, denen wir zuhören – *sehr weit*!

Meisterrekrutierer haben die Selbstdisziplin entwickelt, gut darauf zu achten, was andere erzählen. Ihnen ist klar, wie schnell ihr Verstand funktioniert, und sie wissen, wann es an der Zeit ist, sich zu bremsen und einfach nur *zuzuhören.*

Glauben Sie mir: Ich weiß, wie viel Schweiß und Tränen das kostet. Aber es muss geschehen – es ist extrem wichtig, ein guter Zuhörer zu sein.

Man kann anderen nicht zuhören, wenn man mit sich selbst beschäftigt ist. Und jeder Meisterrekrutierer weiß, dass Erfolg beim Rekrutieren zu 80 bis 90 Prozent davon abhängt, dass man wirklich zuhört.

Sehen Sie mal: Nachzudenken ist etwas ganz Natürliches, und wir tun es hoffentlich alle ausgiebig! Und wenn wir mit anderen ein Gespräch führen, wird er oder sie mit Sicherheit etwas sagen, worüber wir gerne ein wenig nachdenken würden. Das ist ein Zeichen für einen neugierigen, interessierten Freund. Allerdings können wir nicht zugleich nachdenken und so zuhören, wie es fürs erfolgreiche Rekrutieren notwendig wäre.

Vertrauen Sie darauf – es wird Ihnen einfallen!

Meisterrekrutierer kümmern sich nicht darum, was sie als Nächstes sagen werden. Sie vertrauen darauf, dass alles im Fluss ist, wenn sie wirklich zuhören.

Die meisten Geschäftspartner denken anfangs so angestrengt darüber nach, was sie jetzt am besten sagen sollten – sie wollen so sehr, dass ihr Gegenüber sich dem Geschäft anschließt – dass sie nicht wirklich zuhören können. Liebe Freunde: *Wenn man dem potenziellen Geschäftspartner zuhört,* wird alles gut.

Das Geheimnis, zur rechten Zeit das Richtige zu sagen, liegt im Zuhören. Wenn Sie aufmerksam darauf hören, was Ihr Gegenüber sagt, werden Sie fast immer genau wissen, was das Richtige ist! Verlassen Sie sich darauf!

Zuhören ist ein wichtiger Schlüssel zu meisterhafter Rekrutierung. Erinnern Sie sich noch daran, dass Meisterrekrutierer Meister der Verständigung sind? Nun denn: Was glauben Sie, ist bei meisterhafter Kommunikation wichtiger: meisterhaft zu reden oder meisterhaft zuhören zu können?

Meiner ist größer...

Noch etwas, worauf man im Gespräch (besser noch: beim *Zuhören*) mit einem potenziellen Geschäftspartner achten sollte: die„besser als du“-Falle. Sie wissen schon: wenn Ihr Gesprächspartner etwas erzählt und Sie noch eins „draufsetzen“. Mal angenommen, Ihr Gegenüber erzählt von einem Fisch, den er mal gefangen hat, und Sie versuchen, ihn zu übertrumpfen: „Sie hätten erst mal den sehen sollen, den ich im Wahnsinnsfischsee gefangen habe...“ Sie sind hier nicht im Wettkampf. Es geht vielmehr darum, alles, was Sie können, über den anderen in Erfahrung zu bringen: was ihm gefällt und was nicht, was er mag, schätzt, liebt, erfährt, träumt – *einfach alles.*

Dieser Prozess kann so lange andauern, wie Sie wollen. Glauben Sie bloß nicht, Sie müssten irgendetwas überstürzen.

Wann wissen Sie, dass das Freundschaftsband ausreichend geschmiedet ist, sodass Sie weitermachen können?

Sie werden einen Wandel bei Ihrem Gesprächspartner wahrnehmen – was die NLP-Experten eine „Zustandsverschiebung“ nennen. Er wird eine andere Köperhaltung einnehmen oder lachen. Vielleicht ändert sich auch die Stimmlage, und er wirkt entspannter. Er wird sich öffnen und fröhlicher sein. Machen Sie sich keine Sorgen. Sie werden es eindeutig erkennen.

Damit will ich nicht sagen, dass es sich beim Freundschaftschließen um einen Prozess mit einem definitiven Ende handelt. Ich will hier nur sagen, dass es einen Punkt gibt, an dem Sie weitermachen können, wenn Sie das wollen.

Weitermachen – womit? Mit dem Rekrutieren.

Und das tun Sie, wenn Sie eine Brücke bauen – wie sie von den Meisterrekrutierern des Network-Marketing gebaut wird.

Auf die andere Seite kommen

Jetzt, da Ihr potenzieller Geschäftspartner sich entspannt und wohl fühlt und Sie eine Menge über seinen Lebensstil, seine Arbeit, seine Träume und Ziele wissen, können Sie das Gespräch auf sich bringen.

Wie? Bauen Sie ihm eine Brücke, damit er an Ihr Ufer wechseln kann!

Diese Brücke verläuft von Ihrem Gesprächspartner zu Ihnen und hat den Zweck, das Gespräch und die Aufmerksamkeit von Ihrem potenziellen Geschäftspartner auf Sie zu lenken.

Weshalb? Damit Sie erkennen, ob Ihr Gegenüber Interesse an Ihrem Tun und Angebot hat.

Folgendes ist dabei wesentlich: Sie wollen jetzt nur, dass Ihr potenzieller Geschäftspartner sich Ihr Angebot *ansieht*, offen und wie ein Freund. Das ist schon viel!

Meisterrekrutierer nutzen auch Sprache und Worte, um Brücken zu bauen – Brücken, auf denen ihr Gegenüber sich leicht von seiner Seite des Gesprächs auf ihre begeben kann.

„Vielleicht können Sie mir helfen...?“

Das wirksamste Wort in jeder Sprache ist das Wort „Hilfe“. Wenn Sie das nächste Mal an einem Ort mit vielen Menschen sind, im Kino beispielsweise oder in einem Supermarkt, rufen Sie doch mal: „Hilfe!“ Und schauen Sie, was passiert.

Sie verstehen?

Das Wort *Hilfe* bringt einiges ins Schwingen. Sie könnten also mit der Frage anfangen: „Vielleicht können Sie mir helfen..." und dann folgendermaßen vorgehen:

„Vielleicht können Sie mir helfen. Ich mache Geschäfte in der Stadt und das Ganze wächst so rasant, dass ich jetzt Menschen suche, die ihr Einkommen mit einer Nebentätigkeit aufbessern wollen, die 500 bis 1.500 € monatlich bringt..." Oder:

„Vielleicht können Sie mir helfen. Kennen Sie jemand, der seine Laufbahn als Arbeitnehmer beenden und in ein aufregendes Geschäft einsteigen will, wo die Zukunft noch offen ist? Man braucht kaum Anfangskapital, und was man wissen muss, ist leichter und schneller zu meistern, als ich es von anderswo her kenne..." Oder:

„Vielleicht können Sie mir helfen. Ich bin auf der Suche nach Leuten, die Geld verdienen möchten, aber dafür nicht jeden Tag von 9 bis 5 ins Büro wollen. Sie wissen schon: Menschen, die mehr Zeit mit den Kindern zu Hause verbringen möchten und..." Oder:

„Vielleicht können Sie mir helfen. Kennen Sie jemanden mit Übergewicht, der oder die schnell und einfach zehn bis zwanzig Pfund abnehmen möchte...?" Oder:

„Vielleicht können Sie mir helfen. Kennen Sie Frauen, die gern 10 Jahre jünger aussehen würden...?" Oder:

„Vielleicht können Sie mir helfen. Kennen Sie jemand, der gut mit Menschen umgehen kann und mehr kreative Kontrolle über seine Arbeit, Zeit und sein Leben haben möchte?"

Sie verstehen?

Wie kommen Sie zu den „Kennen Sie jemand“-Ausführungen?

Sie schaffen sie aufgrund der Dinge, die Sie beim Freundschaftschließen entdeckt haben.

Die Fragen, die Sie dem Betreffenden über seinen Wohnort, die Familie, die Arbeit und so weiter gestellt haben, sind auch noch in anderer Hinsicht wichtig. Abgesehen davon, dass Ihr Gegenüber sich als Ihr Freund wohl fühlt, verschaffen sie Ihnen Informationen über seine unerfüllten Wünsche, Frustrationen, Träume, Hoffnungen und Erwartungen an die Zukunft. Sie wissen mit einiger Sicherheit, ob Ihr Gegenüber ein potenzieller Geschäftspartner ist oder nicht.

Beachten Sie auch, dass Sie mit der Herangehensweise: „Vielleicht können Sie mir helfen“ Ihr Gegenüber nicht fragen, ob er selbst interessiert ist. Sie fragen, ob er jemanden *kennt*. Dieses „dritte Partei“-Verfahren nimmt den Druck vom Kessel und erlaubt Ihrem Gesprächspartner:

1. an eine Reihe Leute zu denken, die er an Sie verweist.
2. sich Ihr Angebot aus sicherer Distanz anzusehen, ohne eine Verteidigungshaltung anzunehmen.

Meisterrekrutierer sind sich der Vorteile des „dritte Partei“-Verfahrens sehr wohl bewusst. Sie nutzen es häufig!

Fragen Sie um Rat: „Wie würden Sie...“

Menschen beraten andere unwahrscheinlich gern. Sie nicht?

Ich rede hier nicht von Getratsche, von Sich-Einmischen oder negativen Ratschlägen. Ich rede von den Gelegenheiten, bei denen man jemand als Autorität betrachtet und wirklich etwas von ihm erfahren möchte. Solche Ratschläge bieten wir nur allzu gern.

Meisterrekrutierer wünschen sich solchen Rat andauernd – *ganz besonders* von ihren potenziellen Geschäftspartnern.

Wie man diese Brücke baut, verrate ich Ihnen hier:

Sie sind mit Ihrem potenziellen Geschäftspartner zusammen und haben bei den Freundschaftsgesprächen entdeckt, dass er in einem bestimmten Bereich ein absoluter Fachmann ist. Sie können mir glauben: *Jeder* ist auf irgendeinem Gebiet Experte. Immobilien oder Kindererziehung oder Sport – egal: Richten Sie Ihre Aufmerksamkeit auf diesen Bereich.

Ein Beispiel: Mal angenommen, Sie reden mit einem Gymnasiallehrer, der seinen Beruf liebt:

„Ich bin neugierig, Rob. Wie würdest du Gymnasiallehrern wie dir eine Chance schildern, bei der sie ihre enorme Fähigkeit als Lehrer einsetzen können und durch die sie in Nebentätigkeit ihre langen Sommerferien in ein wichtiges Profit-Center verwandeln könnten?“

Vom genauen *Zuhören* wissen Sie, dass Rob im Sommer einer Nebentätigkeit nachgeht, die ihn aber weder kreativ noch finanziell erfüllt.

Hier ein anderes Beispiel, diesmal mit einer Hausfrau:

„Was würdest du mir raten, Sarah: Wie sollte man Müttern und Hausfrauen ein Angebot ans Herz legen, bei dem sie zu Hause bei der Familie bleiben und dennoch mit einer Nebentätigkeit ein bedeutendes Einkommen erzielen können?“

Wenn Sie danach fragen, wie Ihr Gegenüber etwas machen würde, dann kommt eine Verteidigungshaltung erst gar nicht auf. Weshalb? Weil Sie die Hilfsbereitschaft ansprechen. Jeder hilft und unterstützt seine Freunde gern – sogar ganz neue!

Auf diese Weise können Sie außerdem mehr über Ihr Geschäft, Ihr Produkt und Ihr Angebot erzählen. Auf die Gefahr hin, für hart und unsensibel gehalten zu werden (was ich nicht bin): Es ist wie beim Fischen, man wirft seinen Köder aus und sieht, ob Fische anbeißen. *Ihr Job* ist es, zur rechten Zeit am rechten Ort die Angel auszuwerfen. *Der Job Ihres Gegenübers* ist es anzubeißen oder nicht.

Dampf ablassen (Das Negative)

Ist man erstmal zum Freund geworden, wird man häufig ins Vertrauen genommen, und die Leute erzählen einem, was ihnen wirklich Schwierigkeiten macht und was sie frustriert im Leben. Wir nennen das „kreatives Klagen“, und es ist ein wertvolles Werkzeug für den Brückenschlag.

Weshalb? Weil Meisterrekrutierer wissen, wie man Menschen hilft, Dampf abzulassen.

Der Schmerz, von dem jemand erzählt, ist wie kochendes Wasser in einem verschlossenen Topf, aus dem unbedingt Dampf abgelassen werden muss. Ihr Job ist es, den Deckel so oft zu lüften wie nötig, damit Ihr potenzieller Geschäftspartner „alles ans Licht“ bringen kann. Dafür gibt es mehrere Gründe:

1. Es wird die Freundschaft vertiefen.

2. Es gestattet Ihrem potenziellen Geschäftspartner, sich von der negativen emotionalen Ladung zu befreien, die *hinter* dem Schmerz steckt.

3. Sie erfahren mehr über seine Bedürfnisse, Wünsche, Werte und Bestrebungen.

Das erreichen Sie, indem Sie sich auf die Seite der Leute schlagen, sich zum *Fürsprecher* ihres Schmerzes und ihrer Frustrationen machen und ihnen dabei helfen, sie sich vom Leib zu reden. Ermutigen Sie Ihre Gesprächspartner mit Aussagen und Fragen, wie: „Erzähl mir mehr davon..." und: „Wie ist das für dich...?" und: „Was fühlst du in dieser Hinsicht?"

Wenn sie es erst einmal los sind – und das merken Sie daran, dass er oder sie sich zurücklehnt, möglicherweise lacht oder sich sein/ihr Zustand auf sonstige Art *sichtbar wandelt* –, dann ist es an der Zeit für die wirksamste Brücke von allen.

„Wenn ich Ihnen zeigen könnte, wie..."

Jetzt sind wir an einem Punkt, wo Kreativität gefragt ist.

Holen Sie sich noch mal alles vor Ihr inneres Auge, was Ihr potenzieller Geschäftspartner Ihnen über sich erzählt hat. Wo sind seine Knöpfe, was macht ihm zu schaffen, und welche unerfüllten Wünsche hat er? Welche Träume, welche Bestrebungen? Was hält er für das Wichtigste in seinem Leben? Was könnte dafür sorgen, dass sein Leben genau so funktioniert, wie er sich das schon immer gewünscht hat?

Wenn Ihnen das klar ist, verbinden Sie es mit den Worten: „Wenn ich Ihnen zeigen könnte, wie..."

Ein Beispiel:

„Margarete, wenn ich dir zeigen könnte, wie du dich in den nächsten 6-12 Monaten selbstständig machen könntest, was du ja immer wolltest; wie du zu Hause und immer nur dann arbeitest, wenn du das willst; wie du dabei die € 1.200 monatlich verdienen kannst, die du für dein Traumhaus brauchst, von dem wir geredet haben, und trotzdem noch mehr Zeit für die Kinder hast als jetzt – wenn ich dir das zeigen könnte, wärst du dann bereit, dich ernsthaft mit etwas zu befassen, was dich mit alledem versorgen kann?“

Oder wir wär's hiermit: „Jim, wenn ich dir zeigen könnte, wie du dein fantastisches Talent im Umgang mit Menschen besser nutzen und in einigen Jahren das Doppelte von heute verdienen kannst – ohne dass dir dein zeternder Chef noch Anweisungen gibt – würde dich das interessieren?“

Beachten Sie, dass der Meisterrekrutierer sich im gegenwärtigen Moment *nicht* das Ziel gesetzt hat, seinen Gesprächspartner zu einer Unterschrift zu bewegen. Sein Ziel ist vielmehr, dass er sich die Sache ernsthaft ansieht. Und das ist schon viel!

Sehen Sie, wie wirksam das Ganze ist?

Nachdem Sie einen Freund gewonnen, sich seinem Schmerz geöffnet und ihm geholfen haben, seine Frustrationen loszuwerden, können Sie sich vorstellen, dass er sich eine mögliche Lösung näher ansieht? Wenn das nicht so ist, reden Sie wahrscheinlich mit jemand, der seine Probleme genießt! Vielleicht ist es dann Zeit weiterzugehen.

Wissen Sie, dass es Meisterrekrutierer gibt, die bei 100 Austern 25 Perlen finden – nicht nur 10? Sie finden sie deshalb, weil sie erst Freunde werden und wirksame Brücken zu ihrem Angebot bauen.

Von brennenden Brücken

Dieser Rat ist kurz und schmerzlos – *tun Sie es nicht*!

Ganz egal, wie schlecht das Kontakteknüpfen und Freundschaftschließen auch gelungen ist, und egal, wie negativ oder ignorant die Leute reagiert haben, als Sie ihnen eine Brücke bauen wollten: *Verbrennen Sie sie nicht hinter sich.*

Wenn Ihr Gegenüber nicht Ihr Freund sein will, in Ordnung. Halten Sie Distanz. Wenn er sich die Sache nicht ernsthaft ansehen will, auch in Ordnung. Tun Sie einfach einen Schritt zurück. Lassen Sie die Brücke jedoch in Takt, denn vielleicht überquert Ihr Gesprächspartner sie ein andermal.

Wenn Sie keine positive Antwort erhalten oder Ihr Gegenüber Sie gar niedermacht, dann schmollen, schreien oder weinen Sie nicht. Vielleicht lag es nur am falschen Timing.

Vielleicht ist die Zeit, Ihr Geschenk anzunehmen, noch nicht gekommen. Zwei Wochen, zwei Monate, zwei Jahre oder gar Jahrzehnte in der Zukunft könnte der perfekte Zeitpunkt sein! Sie werden es nicht wissen, es sei denn, Sie lassen die Brücke intakt.

Schlagen Sie die Tür nicht zu

Man kann anderen auf vielerlei Art und Weise die Tür offen lassen. Eine Möglichkeit ist, sie zu fragen:

„Mir ist klar, dass Sie momentan kein Interesse haben. Sollen wir nicht dennoch Verbindung halten? Soll ich mich in etwa einem Monat wieder bei Ihnen melden (oder Ihnen Produktinformationen oder meinen neuen Newsletter mailen), für den Fall, dass sich etwas geändert hat?“

Das ist nicht bedrohlich. Die meisten Leute werden Ja dazu sagen, zumal ihnen bewusst ist, dass sie Sie gerade enttäuscht haben.

Hier noch ein Beispiel:

„Betty, mir ist klar, dass du momentan kein Interesse hast, die Chance wahrzunehmen, und ich verstehe, weshalb. Sollten wir uns aber nicht vernetzen? Wie könnte ich dir dabei helfen, womit du dich im Moment befasst?“

Stellen Sie sich vor, jemand sagte: „Nein. Ich will deine Hilfe und Unterstützung nicht. Mach die Biege.“ Ist mir noch nicht passiert. Und ich glaube auch nicht, dass es jemals geschieht.

Verbrennen Sie also nicht die Brücken hinter sich. Bleiben Sie in Kontakt mit potenziellen Geschäftspartnern. Die Umstände wandeln sich. Wachsender Erfolg, von dem Sie den Leuten berichten können, weil Sie in Verbindung bleiben, ist manchmal alles, was sie brauchen, um sich das Ganze mal ernsthaft anzusehen!

Wenn Sie gelernt haben, wie man starke Brücken baut und sie niemals hinter sich verbrennen, könnte irgendwann einmal jemand eine benutzen, um auf Ihre Seite zu wechseln!

Wie guter Wein...

Ich kenne viele Meisterrekrutierer, die *seit Jahren* Freundschaft zu Leuten pflegen, denen sie ihr geschäftliches Angebot machen wollten. Nicht, dass sie verlegen wären und warten, bis sie gut genug präsentieren können: Vielmehr brauchen besondere Menschen und besondere Umstände manchmal gesonderte Erwägungen!

In meinen Gesprächen mit hunderten sehr erfolgreichen Menschen im Network-Marketing ist mir aufgefallen, dass die meisten eine Reihe besonders leistungsstarker Leute in ihrem Netz haben, die lange dazu gebraucht haben, sich auf das Geschäft einzulassen – manchmal Monate, Jahre und länger!

Und wissen Sie, was ich bei vielen von denen entdeckt habe, die sich viel Zeit genommen haben, bevor sie sich auf das Konzept einließen? Dass sie häufig die besten Leute im Netz der Meisterrekrutierer sind! Vergleichen Sie das mal mit all den Leuten, die gleich beim ersten Mal, als sie davon hörten, auf- und dann schnell wieder abgesprungen sind.

Wie guter Wein wird so mancher potenzielle Geschäftspartner erst mit der Zeit *reif*.

Damit will ich natürlich keineswegs andeuten, dass die einzigen guten Leute in Ihrem Netz solche sind, die lange reifen mussten. Und ich behaupte auch nicht, dass jeder, der sich sofort begeistert einlässt, genauso schnell wieder abspringt. Beides geschieht – auch weiterhin –, das stimmt, aber es geht um Folgendes: Lassen Sie in Ihrem Rekrutierungsplan genügend Platz fürs Säen, Düngen, Reifen und nicht zuletzt fürs Ernten. Manche Sachen (die besten meistens) brauchen einfach sehr, sehr lange bis zur Reife. Das gilt mit Sicherheit auch im Network-Marketing.

Vielleicht entdecken auch Sie, dass sich Ihre Rekrutierungsbemühungen bei manchen Menschen darauf beschränken, ihnen Ihr Angebot so lange vor Augen zu halten, bis der richtige Zeitpunkt gekommen ist. Seien Sie bereit, die Zeit zu investieren, die Sie beide brauchen. All Ihre Mühe und Ausdauer verwandelt sich eines Tages vielleicht in Stolz und Freude!

Geben Sie nie auf. Bedenken Sie immer: Zu den wichtigsten Unterschieden zwischen Meisterrekrutierern und dem Rest gehört die Tatsache, dass Meisterrekrutierer lange genug dabeibleiben, um ihren verdienten Lohn zu bekommen! Bleiben Sie also dran.

Und bleiben Sie so lange an diesem Geheimnis dran, bis Sie die nachfolgenden Handlungsschritte gemacht haben. Die nun folgenden Übungen werden Ihnen dabei helfen, ein meisterhafter Brückenbauer und Freund zu werden, und das ist ziemlich explosives Zeug, Freunde!

Meine Handlungsschritte
um Geheimnis Nr. 6
zu meistern

Meisterrekrutierer bauen liebend gerne Brücken

1) Welche Fragen könnte ich meinen potenziellen Geschäftspartnern stellen, um sie dazu zu ermutigen, sich mir zu öffnen? (Auf Seite 98 finden Sie ein paar Vorschläge.)

____

____

____

____

____

____

____

____

____

____

____

____

____

2) Was kann ich tun, um ein besserer Zuhörer zu werden?

3) In Bezug auf die Brücken, die ein Meisterrekrutierer nutzt (siehe Seite 102),

A) Welche Brücken werde ich sofort nutzen?

B) Welche Sätze oder Brücken kann ich bauen (aufgrund meiner einzigartigen Gabe), die meine potenziellen Geschäftspartner zu mir und meinem Angebot hinziehen?

4) Wie kann ich mit den potenziellen Geschäftspartnern, die mehr Zeit brauchen, in Verbindung bleiben?

Geheimnis Nr. 7

Meisterrekrutierer nutzen nicht nur Hacke und Spaten

Vielleicht wäre es an der Zeit, die alte Hacke und den alten Spaten aufzupolieren.

Wie die Goldgräber in alten Zeiten mit ihren Werkzeugen nach Gold suchten und gruben, benutzen auch die modernen Meisterrekrutierer Hilfsmittel bei ihrer Goldsuche. Ich will das mit einer Geschichte veranschaulichen.

Mal angenommen, ich, John Kalench, besäße eine Goldmine, nicht irgendeine, sondern eine der reichhaltigsten Goldadern der ganzen Welt.

Weil Sie und ich nun so gute Freunde geworden sind, teile ich meinen Schatz mit Ihnen.

Sie können so viel Gold haben, wie Sie haben wollen. Mir ist eigentlich egal, wie viel Gold Sie sich nehmen, weil die Mine wirklich randvoll ist.

Es gibt nur eine einzige Bedingung: Sie dürfen nur ein Mal in die Goldmine. Nicht öfter. Sie haben nur eine einzige Gelegenheit, so viel Gold auszubuddeln, wie Sie wollen. Ist das fair?

Sagen Sie mir nun: *Welche Werkzeuge werden Sie mitnehmen*?

Bringen Sie lediglich Hacke und Spaten mit?

Wie werden Sie Ihr Gold raustragen – in einer Satteltasche, im Eimer, mit dem Pferdewagen?

Würden Sie mit alten, verbrauchten Werkzeugen in der Mine auftauchen?

Würden Sie nur einen Eimer für Ihr Gold mitbringen?

Natürlich nicht. Wenn Sie so sind, wie ich denke – jemand, der ein Buch über die Erfolgsgeheimnisse von Meisterrekrutierern liest –, dann kommen Sie mit einem Traktor und mindestens drei Anhängern und bringen ein ganzes Team mit, plus Planierraupe, Dynamit etc. Und genau darum geht es in diesem Geheimnis.

Was diese Geschichte besagt, ist dem Rekrutieren beim Network-Marketing sehr ähnlich. Häufig haben wir nur eine Chance, eine einzige, flüchtige Gelegenheit bei einem potenziellen Geschäftspartner – die Chance, ein Vermögen zu finden!

Aus diesem Grund haben Meisterrekrutierer *immer* das richtige Werkzeug dabei. Und es ist scharf, poliert und sofort einsetzbar.

Das wichtigste Werkzeug:

Die Visitenkarte

Fundamental für das einzigartige Network-Marketing-Konzept ist, dass die Network-Marketing-Firma das Geld, das beim konventionellen Marketing für Werbung und Promotion ausgegeben wird, direkt in die Provisionen des Geschäftspartnernetzes steckt.

Falls Ihnen die Gründe dafür ein wenig schleierhaft sind, will ich sie Ihnen erklären. Die Firma gibt Ihnen dieses Geld für Werbung und Marketing nicht, weil man Sie so sehr mag (obwohl ich mir *sicher* bin, man tut es). *Man gibt Ihnen das Geld vielmehr deshalb, weil Sie das Marketing für die Firma erledigen.* Statt Geld in Radio- oder TV-Werbung zu stecken, in Anzeigen oder teure Plakate, investiert die Network-Marketing-Firma es in eine bessere Marketingmethode – man investiert in Sie. Dafür werden Sie zur „lebenden Werbung".

Bendenken Sie immer: Wenn Sie ins Network-Marketing involviert sind, werden Sie fürs Werben bezahlt – und wer nicht wirbt, verdient nichts! Ich glaube, Mark Twain meinte einmal: „Spinnen bauen Netze in Türen von Geschäften, die keine Werbung machen."

Wenn Sie sich als wandelnde/beredsame Werbung betrachten, eröffnen sich Ihnen dann neue Möglichkeiten für Ihr Geschäft? Genau diese haben Meisterrekrutierer nämlich gemeistert, und sie tun alles Erdenkliche, um ihre persönlichen Werbekampagnen so kosteneffizient und erfolgreich wie möglich zu gestalten.

Zu den einfachsten und kostengünstigsten Werbemitteln gehört die *Visitenkarte*.

Anfänger machen sehr häufig den Fehler, ihre Visitenkarte direkt bei ihrer Firma zu bestellen. Verstehen Sie mich bitte nicht falsch: Dass Ihre Firma Ihnen das anbietet, halte ich für eine wertvolle Dienstleistung. Weil sie Visitenkarten in hoher Auflage für viele Leute bestellt, erhalten Sie Ihre Visitenkarten schnell und kostengünstig. Das ist ein Vorteil.

Aber die hoffnungsfrohen Harrys und Hannelores des Network-Marketings tun meist Folgendes: Sie bestellen 250 Visitenkarten bei der Firma und überlegen sich dann, wie sie dafür sorgen können, dass diese Karten für ihre gesamte Network-Marketing-Laufbahn reichen!

Nochmals: Man zahlt Sie fürs Werben

Ich möchte Sie mal fragen: Wessen Geschäft ist dies eigentlich? Das der Firma? Oder Ihres?

Natürlich ist es Ihres. Sie sind um Ihrer Selbst willen im Geschäft. Sie sind Besitzer einer Network-Marketing-Organisation, und das 24 Stunden am Tag. Sie sind der Chef, und ich bin mir sicher, Sie würden gern andere Männer und Frauen anziehen, die ein eigenes Geschäft haben und selber Chef sein möchten.

Sie lesen bestimmt Nachrichten und wissen es womöglich aus eigener Erfahrung: Es gibt keine sicheren Arbeitsplätze mehr. Erinnern Sie sich noch an die Firmen, die einem früher einen Arbeitsplatz fürs Leben anboten? Heutzutage ist das ziemlich unrealistisch. Und in fast der gesamten freien Welt ist es das Gleiche.

Und aus diesem Grund...

...sind Berufstätige heute sehr viel eher bereit, sich *selbstständig* zu machen als je zuvor. Sie sehen, überall zeichnen sich Veränderungen ab: Berufstätige suchen eine Alternative.

Wäre es nicht sinnvoll, diese Menschen auf Sie aufmerksam zu machen? Ihnen die Chance mit dem geringsten Risiko der gesamten freien Unternehmenswelt und dem größtmöglichen Gewinn schmackhaft zu machen? Aber sicher doch.

Daher brauchen Sie vielleicht eine Visitenkarte, die Sie als *Firmeneigentümer* positioniert – damit Sie Leute anziehen, die das selber auch gerne wären.

Vielleicht ist es Ihnen – und Ihrem Zielpublikum – wichtig, sich mit einer eigenen, einzigartigen Visitenkarte als Vorsitzender, Gründer oder Geschäftsführer ihrer eigenen Firma auszuweisen.

Ernst machen

Bevor ich weiter über Visitenkarten spreche, möchte ich Sie auf etwas Wichtiges hinweisen:

Die größte Herausforderung, vor der die meisten Network-Marketer meiner Meinung nach stehen, ist die Tatsache, dass sie sich nicht leidenschaftlich genug um ihr Geschäft kümmern. Wenn Sie es nicht schon tun, *sollten Sie jetzt anfangen, ernst mit Ihrem Geschäft zu machen.*

Ich bin immer wieder erstaunt, wie viele Network-Marketer ihr Geschäft immer noch über das persönliche Konto laufen lassen. Wie können Sie denn dann die Ausgaben und Einkommen aus Ihrem Geschäft und die Einkäufe für die Familie, Kinokarten und Kleidung für die Kinder auseinanderhalten? Das geht nicht. Und wissen Sie außerdem, was Sie den Leuten, mit denen Sie Geschäfte machen, damit signalisieren? „Das ist ein Hobby; es ist eigentlich gar kein richtiges Geschäft."

Bitte, machen Sie ernst mit Ihrem Geschäft! Machen Sie es offiziell.

Suchen Sie sich einen Namen für Ihre Firma. Melden Sie ein Gewerbe an. Organisieren Sie die Dinge so, dass es nach Geschäft aussieht und Sie sich auch so fühlen.

Wem es wirklich ernst ist mit seiner Firma, der muss sie zunächst einmal *kreieren*!

Das ist in den meisten Teilen der Welt nicht teuer. Prüfen Sie die Möglichkeiten. Fragen Sie bei der Industrie- und Handelskammer nach.

Auf zur Bank!

Sie können mit den Firmennamen auch ein Konto bei Ihrer Lieblingsbank eröffnen.

Wenn Sie dann in die Bank kommen, eilen die Angestellten Ihnen entgegen, verbeugen sich und scharren mit den Füßen: „Wie *geht* es Ihnen, Frau Natalie Networker? Aha, Sie bringen uns *mehr Geld*, wie ich sehe? Das Geschäft läuft bestimmt gut, oder? Können wir Ihnen einen Kredit anbieten? Wie wäre es mit einem neuen Auto? Einem neuen Haus? Oh, bitte warten Sie nicht in *der* Schlange – kommen Sie rüber zum Sonderschalter für Geschäftskunden. Wie können wir Ihnen heute dienen, Frau Networker?“

„Vielen Dank, Herr Bankdirektor“, antworten Sie, „aber ich bin nur gekommen, um mein Konto aufzustocken. Ach übrigens, Sie sollten sich Zeit für ein Arbeitsessen mit mir nehmen und sich mein einmaliges Angebot ansehen, von dem Sie sicherlich profitieren würden. Sagen wir mal Dienstagmittag, oder wäre Donnerstag besser für Sie?“

Wie dem auch sei, Banken behandeln ihre Geschäftskunden anders. Und als Meisterrekrutierer wird Ihre Bank sie hervorragend behandeln – wenn sie es nicht bereits tut.

Meine Firma heißt...

Drucken Sie den Firmennamen auf Ihre Visitenkarten, Schecks und Briefbögen. Wie wählt man einen Firmennamen? Gute Frage.

Es gibt in dieser Hinsicht zwei Denkschulen, die wir uns kurz ansehen wollen – und dann suchen Sie sich die aus, die Ihnen am meisten zusagt.

Firmenname Nummer 1: Ihr Name. Der Vorteil ist, dass viele Menschen Firmen mit einem Personennamen Vertrauen schenken. Man sieht Sie als jemanden, der persönlich hinter seinem Unternehmen steht. Auch potenzielle Geschäftspartner haben den Eindruck, dass man zu dem steht, was man sagt. In meinem Fall würde die Firma beispielsweise John Kalench & Co. heißen, oder Fa. John Kalench usw.

Firmenname Nummer 2: Der Firmenname zeigt, was man macht oder worum es in dem Geschäft geht. Ich habe mich aus verschiedenen Gründen für „Millionäre in Bewegung" entschieden: Erstens erregt das Wort „Millionäre" viel Aufmerksamkeit, und wer meine zwei vorangegangenen Bücher gelesen hat (ich nutze diese Gelegenheit gern, um mich bei Ihnen zu bedanken), weiß, dass der Name mein Lebensziel reflektiert, nämlich vor meinem Ableben „eine Million Freunde" zu gewinnen.

Die Worte „in Bewegung" haben mit Aktivsein zu tun und damit, uns dorthin zu bewegen, wo es uns gefällt. Wir sind zutiefst von der Effektivität von Bewegung überzeugt. Erinnern Sie sich noch an das Präzessionsgesetz von Geheimnis Nr. 1:

Meisterrekrutierer sitzen nicht auf ihren Pfründen?

Die Leute, die unseren Firmennamen hören, wollen fast immer genau wissen, was wir machen.

Ein junger Mann in einem meiner Seminare hatte wenig Erfolg beim Aufbau seines Geschäfts. Er kam nach einer meiner Präsentationen auf mich zu, und wir redeten miteinander. Ich führte ihn in das Konzept der Positionierung ein und in die Bedeutung eines dynamischen Firmennamens für sein Geschäft. Das Gespräch war gut, und, wie gewöhnlich, musste ich los, um mein Flugzeug zum nächsten Termin zu erreichen. Nach ein paar Monaten sah ich ihn wieder und staunte nicht schlecht. Er war wie ausgewechselt!

Ich sagte ihm, dass er gut aussah und fragte ihn, was er getan hatte. Er zog eine Visitenkarte hervor und zeigte sie mir. Oben stand „The Health and Wealth Company" (Die Gesundheits- und Reichtumsfirma). Ich sah ihn an und meinte: „John, genau in dem Geschäft bin ich. Wovon soll ich dir als Erstes erzählen?"

Klasse – effektiv!

Beide Methoden funktionieren – Sie können also Ihren Namen für die Firma verwenden oder ihr einen einzigartigen, neuen geben. Die Wahl liegt bei Ihnen. Egal, wofür Sie sich entscheiden, Sie sollten ihn offiziell registrieren lassen. Tun Sie Ihrem Geschäft einen Dienst – sorgen Sie dafür, dass es wie eins aussieht, so klingt und sich auch so anfühlt.

Zurück zu den Visitenkarten

Ich will hier etwas hervorheben: Als ich Ihnen empfahl, sich eigene Visitenkarten zu machen, wollte ich damit keinesfalls andeuten, dass Sie Ihre Mitgliedschaft bei Ihrer Network-Marketing-Firma ignorieren, links liegen lassen oder weichspülen. Im Gegenteil!

Eine ganze Reihe Network-Marketing-Unternehmen investieren heutzutage viel Geld, um ihren Namen unters Volk zu bringen und in ein gutes Licht zu rücken. Davon möchten Sie natürlich profitieren. Es geht um Folgendes:

Aus tausenden Produkten und Programmen haben Sie Ihre Network-Marketing-Firma gewählt! Eine Wahl, auf die man stolz sein kann. Ihre Beziehung zu Ihrer Network-Marketing-Firma ist wesentlich – sie machen gemeinsam Gewinne.

Sie sind jedoch *Ihre eigene* Network-Marketing-Organisation. Die Leute sehen weder das Hauptquartier noch schütteln sie dem Vorstandsvorsitzenden die Hand. Man sieht *Sie*. Sie sind der Vorstandsvorsitzende Ihrer eigenen Firma, und der Vorstandsvorsitzende der Network-Marketing-Firma, deren Mitglied Sie sind, ist Ihnen gleichgestellt – sie sind Partner im Geschäftserfolg.

Ich sage also, dass *dies Ihr Geschäft ist, und dass Sie anderen die Gelegenheit geben, auch eine eigene Firma zu gründen*. Die Produktion einer eigenen Visitenkarte mit unverwechselbarer Identität und Marktpositionierung ist ein effektiver Schritt in diese Richtung.

Die besten Visitenkarten

Von allen Karten, die ich ausprobiert habe, reden und erinnern sich die Menschen am meisten an die mit meinem Bild. Und ich empfehle ein Bild in lebhaften Farben!

Wie viele Visitenkarten haben Sie im Lauf der Jahre bekommen? Eine Menge. Wie viele davon haben Sie behalten? Sicherlich wenige. Welche haben Sie behalten? Ich weiß, welche das bei mir waren.

Eines Tages durchforstete und bereinigte ich meine Visitenkartensammlung. Ich entsorgte die Karten, die ich wohl nie wieder brauchen oder nutzen würde.

Mir fiel die Visitenkarte mit dem Bild eines Mannes in die Hand, und ich dachte: „Den kenne ich nicht. Weg damit..." Und während meine Hand noch über dem Papierkorb schwebte, hielt ich inne. Ich konnte die Karte nicht wegwerfen.

Weshalb? Weil ich *ihn* damit wegwerfen würde! Da war er, in meiner Hand, und sah mich an, als wolle er sagen: „Hey John, du willst mich doch nicht wirklich loswerden, oder?"

Das war lustig, und ich lachte lauthals, aber es hat mir etwas Wichtiges beigebracht.

Ich habe nicht nur Visitenkarten mit meinem Bild bestellt, sondern auch Postkarten mit dem Bild des gesamten Teams von *Millionaires In Motion* mit den Namen neben den Gesichtern. Ich kann gar nicht sagen, wie oft Kunden und Seminarteilnehmer positiv auf diese Karten reagiert haben. Die Menschen haben gern ein Gesicht zum Namen. Sie wollen gern wissen, mit wem sie sprechen. Und es gibt noch eine weitere wertvolle Marketing-Lektion, die Ihnen nicht entgehen sollte.

Mit wem machen wir am meisten Geschäfte? Mit Bekannten, nicht wahr? Das heißt, wir kennen sie, und sie kennen uns. Der Umgang mit Bekannten ist leichter als die Arbeit mit Fremden.

Das eigene Bild auf der Visitenkarte wird Ihren Bekanntheitsgrad bei allen fördern, die Sie treffen. Wenn Sie Ihre Visitenkarte jeder Korrespondenz und jedem Produkt hinzufügen, bleiben Sie den Leuten auf bestmögliche Weise vor Augen.

Eine Bemerkung am Rande...

Hier eine Möglichkeit von Bob Burg, wie man die Fotoidee anwenden kann. Bob ist ein meisterhafter Networker und Autor einer fantastischen Kassettenreihe namens: „How to Create an Endless Stream of Referrals" (Wie man einen endlosen Strom an Weiterempfehlungen kreiert). Hier seine Idee:

Wie viele von Ihnen haben einen Notizblock auf dem Schreibtisch oder neben dem Telefon? Wahrscheinlich alle. Auf meinem Schreibtisch liegt beispielsweise einer der Autofirma, die sich um meinen Wagen kümmert. Glauben Sie, dass ich ihn woanders in die Inspektion gebe? Glauben Sie, dass ich kurz daran denke, ob was an meinem Auto gerichtet werden muss, wenn ich etwas notiere? Sehen Sie, wie effektiv es sein könnte, Notizblöcke mit Ihrem Firmennamen und Ihrem Bild drucken zu lassen?

Bob Burg legt allem, was er verschickt, einen Notizblock bei. Druck und Versand kostet ihn nur ein paar Cent, aber sein Name und seine Firma bleibt den Leuten, mit denen er in Verbindung bleiben will, in Erinnerung. Ich halte das für eine ausgezeichnete Idee!

Immer, wenn ich jemandem ein Dankeschön oder eine kurze Notiz schicke, benutze ich dazu die Postkarte unserer Firma. Wir legen sie sogar bei, wenn wir Rechnungen zahlen. Wann bekam die Buchhaltung eines Lieferanten schon mal ein Bild von seinem Kunden?

Ich kann Ihnen bedenkenlos versprechen, dass Visitenkarten, Postkarten und Notizblöcke den Aufbau Ihres Geschäfts sehr positiv beeinflussen werden. Ich weiß schließlich, was sie für MIM bewirkt haben.

Hier noch eine Idee, was Sie mit Ihrem Bild tun können. Manchen gefällt sie, anderen nicht. Sie haben die Wahl.

Lassen Sie Ihr Bild und den Firmennamen auf Aufkleber in der Größe einer Briefmarke drucken, und kleben Sie sie auf jede Drucksache, die Ihre Firma produziert und verschickt. Diese Idee kann außerordentlich kreativ machen!

Tipps und Techniken – Wie man Visitenkarten optimal einsetzt

Egal, was Sie mit Ihren Visitenkarten vorhaben, bitte besorgen Sie sich nicht die 08/15-Karten in Schwarz-Weiß. Das ist langweilig. Wenn Ihnen die Idee mit dem Vierfarbdruck nicht gefällt, drucken Sie sie zumindest in einer Farbe oder verwenden Sie farbigen Karton. Sie können Grafiker ein Logo und eine künstlerisch effektive Visitenkarte entwerfen lassen.

Viele Drucker bieten das als billige, zusätzliche Dienstleistung an. Falls eine Kunsthochschule in Ihrer Nähe ist: Viele Studenten würden Ihnen liebend gern eine Visitenkarte entwerfen – für weit weniger Geld als Profis.

Ach so, achten Sie darauf, immer ein paar leere Visitenkarten dabeizuhaben; Sie können sie mit den gedruckten machen lassen – in der gleichen Farbe vorzugsweise.

Weshalb? Weil man häufig Leute trifft, die keine Visitenkarte dabeihaben. Es macht einen guten Eindruck, wenn Sie eine Ihrer leeren Karten hervorziehen und sagen: „Ich habe immer ein paar leere Karten dabei, für den Fall, dass jemand an dem Tag gerade seine eigenen Visitenkarten alle vergeben hat." Bitten Sie die Leute, ihre Informationen auf die Karte zu schreiben, und stecken Sie die Karte ein.

Haben Sie einen guten Eindruck auf den Betreffenden gemacht? Wird man Sie für einen echten Profi halten? Und noch besser ist – Sie haben ihn nicht in Verlegenheit gebracht. Sie waren achtsam genug, ihm eine Karte zu geben, mit der Begründung, sie für Leute dabeizuhaben, die „an dem Tag gerade all ihre Visitenkarten vergeben haben." Ich verspreche Ihnen, man wird sich an Sie erinnern.

Erwischt!

Nun gut, was, wenn man Sie ohne Visitenkarte erwischt? Da sitzen Sie mit dem perfekten potenziellen Geschäftspartner und haben keine Visitenkarte dabei, ja nicht mal eine leere. Was dann? Hier eine fantastische Idee aus der Zeit, als ich mein eigenes Netz aufbaute. Ich habe sie erstmals spät abends in einem Laden nicht weit von meinem Wohnort ausprobiert.

Ich habe eine Leidenschaft. Ich habe natürlich noch andere, aber diese eine teile ich mit millionen Männern und Frauen weltweit. Ich *liebe* Eis. Meistens wacht meine Leidenschaft spät abends auf – manchmal auch erst in den frühen Morgenstunden. Als ich also eines Nachts diese Leidenschaft verspürte, sprang ich in meinen Wagen und fuhr zu dem durchgehend geöffneten Laden.

Sie können sich vorstellen, dass ich nicht „für den Erfolg gekleidet", also ohne Anzug und Krawatte unterwegs war. Ich war „fürs Eisessen gekleidet" – also in Trainingsanzug und Laufschuhen. Da stand ich also in der Schlange, jonglierte das schweizer Mandeleis, damit es nicht schmolz, und kam mit jemandem ins Gespräch. Nach zwei Minuten hatten wir einen guten Draht, und er beschloss, sich mein Angebot anzusehen. Es lief alles perfekt, bis auf eins – keine Visitenkarten!

Zum Glück habe ich immer einen leeren Scheck in der Brieftasche - für alle Fälle. Firmennamen, Adresse und Telefonnummer sind aufgedruckt. Also erklärte ich dem Herrn, dass ich leider keine Visitenkarte dabeihätte – ob er einen Scheck nehmen würde? Er sah mich von der Seite an und nickte. (Ich nehme an, er hielt mich für ein wenig eigenartig.) Ich füllte den Scheck aus, trug einen Dollar ein und gab ihn ihm.

Er starrte auf den Scheck. Dann sah er mich an. Dann schaute er wieder auf den Scheck. Dann sah er mich an, diesmal mit einem breiten Grinsen. Dann sagte er, dies sei das erstaunlichste Erlebnis seines Lebens!

Not macht erfinderisch, und diese Erfindung funktionierte ausgezeichnet. Ich weiß nicht, weshalb Leute das so erstaunlich finden. Und ich glaube nicht, es hätte denselben Eindruck gemacht, wenn ich ihm einen Dollarschein gegeben hätte. Noch eins: Von allen Schecks wurden höchstens 3 aus 100 *eingelöst*!

Ich habe gehört, dass Picasso nie Bargeld benutzte – er zahlte immer per Scheck. Seine Unterschrift war so populär, dass die Leute den Scheck einrahmten, statt ihn sich auszahlen zu lassen! Glauben Sie, die Leute haben das mit meinen Schecks aus dem gleichen Grund getan? Ach, eines Tages vielleicht.

Und wie wär's damit...

Und so können Sie Schecks noch benutzen:

Wenn Sie von einem Endkunden einen Scheck für seine Bestellung bekommen, dann sehen Sie nach, ob er etwas in den Raum für Mitteilungen geschrieben hat. Wenn nicht – prima! Schreiben Sie dort eine kleine Nachricht hin, ein Dankeschön oder etwas Ähnliches.

„„Judith, diese Produkte werden dir gefallen!". „Vielen Dank für dein Vertrauen, John." Wenn der Kunde seine Schecks mit der Abrechnung zurückbekommt, sieht er vielleicht Ihre kleine Nachricht. Es kostet Sie nur ein paar Sekunden und kann viel bewirken.

Aufmerksamkeiten dieser Art sind in unserer schnelllebigen Welt eine Seltenheit. Bedenken Sie jedoch, dass alles, was Sie tun, um jemandem das Gefühl zu geben, er sei etwas Besonderes, Ihnen tausendfach vergolten wird.

Immer bereit

Worum sich hier alles dreht, ist, dass Sie diese Visitenkarten – jene scharfen, polierten kleinen Werkzeuge – für Sie *arbeiten* lassen. Bedenken Sie, dass Sie eine wandelnde/sprechende/lebende/atmende Werbung für Ihr Produkt und die Chance sind, die Sie anderen bieten. Tun Sie alles Erdenkliche, um allen, die Sie treffen, in Erinnerung zu bleiben. Ihr Name und Gesicht sollte den Menschen bekannt sein. Sie sollten den Leuten als Erster einfallen, wenn sie ein Produkt oder ein Angebot wie das Ihrige brauchen. Alles, was Sie tun können – *tun Sie es*! Wie ich bereits sagte, manchmal hat man nur eine einzige Chance, ein Vermögen zu machen, wenn man jemanden rekrutiert. Bereitschaft ist alles! Alle

Werkzeuge, die Sie evtl. brauchen, sollten parat liegen – und achten Sie darauf, dass sie scharf und poliert sind.

Viele der nachfolgenden Geheimnisse werden von weiteren Werkzeugen handeln, mit denen Sie Ihr Geschäft aufbauen können: das Video- oder Audio-Pass-out-Spiel, der „Erinnerungshaken“, Zielwerbung, ein 3-stufiges Direct-Mailing-Programm, Anrufe meistern und noch vieles andere mehr.

Seien Sie also bereit, ein Vermögen im Network-Marketing zu scheffeln. Denn wenn Sie das Buch durchhaben, werden Sie über einen Werkzeugkasten verfügen, auf den sogar die Meister neidisch sind.

Und bevor Sie mit den Werkzeugen dieses Geheimnisses in die Goldmine einfahren, nehmen Sie sich Zeit für die folgenden Handlungsschritte. Es ist eine wunderbare Gelegenheit, die wundervollen Ideen aus Ihrem Kopf auf Papier zu bringen – und sie dann umzusetzen!

Meine Handlungsschritte um Geheimnis Nr. 7 zu meistern

Meisterrekrutierer nutzen nicht nur Hacke und Spaten

Wissend, dass ich dies sowohl für mich als auch für meine potenziellen Geschäftspartner tue....

1) Habe ich alles getan, damit es so aussieht, so klingt und sich so anfühlt, als sei ich ein Profi? (Markieren Sie eine Möglichkeit.)

Ja oder Nein

2) Was kann ich noch tun, damit ich ein professionelles Bild von mir und meinem Geschäft abgebe?

____

____

____

____

____

____

____

Geheimnis Nr. 8

Meisterrekrutierer legen mehr Wert auf Zeit als auf Geld

Wussten Sie, dass Geld den meisten Menschen wichtiger ist als Zeit? Ich verstehe das nicht.

Wenn man in aller Ruhe überlegt, ergeben sich immer Möglichkeiten, wie man mehr Geld verdienen kann. (Wer das natürlich noch nie erfolgreich gemacht hat, fragt sich vielleicht, *wie*.) Ganz egal, was wir von Geld halten – ob wir meinen, dass man es verdienen oder finden, borgen oder geschenkt bekommen muss –, wir wissen, dass es dort draußen welches gibt und dass wir irgendwie mehr davon ergattern können.

Aber was ist mit Zeit?

Haben wir sie erst einmal genutzt, ist sie vorbei. Und das war's. Probieren Sie mal, ein Jahr Ihres Lebens zurückzuerlangen oder eine Woche. Oder auch nur *eine Sekunde*? Aussichtslos. Zeit vergeht. Ein Fingerschnippen, und sie ist vorbei – für immer.

Ganz zweifelsfrei ist Zeit das Kostbarste überhaupt. Daher schätzen Meisterrekrutierer Zeit mehr als alles andere. Sie wissen, dass ihnen nichts Wertvolleres zur Verfügung steht.

Mal angenommen, Sie möchten Ihr Geschäft verfünffachen – nicht nur fünfmal so viele Menschen in Ihr Netz aufnehmen, sondern auch fünfmal so viel verdienen. Das erreichen Sie nicht, indem Sie fünfmal so viel Zeit in Ihr Geschäft investieren oder fünfmal so hart arbeiten.

Wenn Sie fünfmal so viel Erfolg haben wollen, müssen Sie fünfmal so *schlau* werden wie derzeit. Und im Network-Marketing handelt man dann schlauer, wenn man darauf achtet, dass jede Sekunde, die man in andere investiert, die dafür aufgewendete Lebenszeit wert ist.

Beachten Sie bitte, dass ich Zeit *investieren* gesagt habe und nicht Zeit durchbringen. Das ist ein großer Unterschied.

Zeit durchbringen kann jeder. Und viele tun das genau jetzt, in diesem Augenblick: Sie bringen mit irgendwem oder irgendwas Zeit durch. Kein Problem. Sie handeln im Glauben, alle Zeit der Welt zu haben.

Stimmt aber nicht!

Zeit ist so kostbar, dass wir sie beharrlich *investieren* sollten. Und wenn wir sie investieren, sollten wir dann nicht genau so viel Rendite erwarten wie bei anderen Investitionen?

Wie viel ist Ihre Zeit wert?

Mal angenommen, Sie verdienen mit Network-Marketing derzeit 1.000 € im Monat. Zu diesem Zweck investieren Sie wöchentlich 15 Stunden in den Aufbau Ihres Geschäfts (2 bis 3 Stunden täglich, 5 bis 6 Tage die Woche). Ihr Taschenrechner zeigt Ihnen, dass Sie also 15,50 € pro Stunde verdienen. (15 Stunden pro Woche x 4,3 Wochen pro Monat = 64,5 Stunden; 1.000 € / 64,5 Std. = 15,50 € pro Stunde.)

Im heutigen wirtschaftlichen Klima nicht schlecht für eine Nebentätigkeit.

Wirklich?

Da bewertet man die Zeit meiner Meinung nach falsch. Ich würde vielmehr sagen: Ihre Zeit ist wert, *was Sie in zwei Jahren verdienen werden*. Sie verstehen: Die Arbeit, die Sie momentan verrichten, bildet das Fundament für das supererfolgreiche Netz, das Sie in Zukunft haben werden.

Wenn es Ihr Ziel ist, mit einer 30-Stundenwoche und einem Monat Jahresurlaub 100.000 € jährlich zu verdienen, sind Sie mit Sicherheit auch 70 € die Stunde wert!

Falls Sie bei gleich bleibenden Arbeitsstunden 100.000 im Monat verdienen werden, ist Ihre Stunde 775 € wert!

Nun denn: Wie viel Zeit kann einer, der 775 € die Stunde verdient – oder auch nur 70 € – mit Menschen rumkaspern, die nicht an seinem Angebot interessiert sind? Wie viel Zeit kann eine hoch bezahlte Person sich nur „beschäftigen,“ statt *jede unglaublich teure* Minute zu nutzen?

Es geht um Ihr Geschäft. Sie können damit machen, was Sie wollen. Aber glauben Sie mir: Schon lange bevor Meisterrekrutierer riesige Provisionen scheffeln, betrachten sie sich als Profi, dessen Stunde 70 € oder 775 € wert ist. Aus diesem Grund verdienen sie heute auch so viel!

Würden Sie bei einem Stundenlohn von 100 €, 200 € oder 500 € Ihren Arbeitsalltag anders betrachten als heute?

Aber sicher doch!

Also, Sie sind ein paar hundert Euro die Stunde wert – was nun?

Der Schlüssel ist Maximierung. Sie müssen mit Ihrer immer kostbareren Zeit fünf- bis zehnmal so viel zu bewirken. Meisterrekrutierer verdienen fünf- oder zehnmal so viel wie andere Networker, *weil sie fünf- bis zehnmal so viel mit ihrer Zeit anfangen.*

Und zwar mit – richtig geraten! – wirksameren Instrumenten. Dazu gehört unter anderem...

Die Ehrfurcht gebietende Macht des Videos

Haben Sie schon mal gelesen, wie viel Zeit der Durchschnittsmensch vor dem Fernseher verbringt? Unglaublich, oder? Erwachsene sehen etwa 3 Stunden täglich fern und Kinder noch mehr. Kein Zweifel: Wir leben in einer TV-Video-Gesellschaft. Videotheken überall, explosiv wachsende Kabelfernsehnetze, und Nachrichten werden von den meisten Menschen inzwischen nur noch im Fernsehen gesehen.

Die Network-Marketing-Branche gehört zu den Pionieren des Video-Marketings, und das aus vielen guten Gründen.

Ein Beispiel: Versetzen Sie sich in die Lage eines potenziellen Geschäftspartners. Sie ist erfolgreich – genau die Person, die Sie gern dabeihätten: jemand, dem seine Zeit kostbar ist. Sie laden ihn an einem Donnerstagabend für ein paar Stunden zum Chancen-Meeting in einem örtlichen Hotel ein.

Das zeigt dem viel beschäftigten, potenziellen Geschäftspartner doch eindeutig, wie Sie Geschäfte tätigen. *Ist so jemand offen für ein Geschäft, das ihm so viel Zeit abverlangt*? Ich werde die Frage selbst beantworten: *Wohl kaum!*

Der Video-Einsatz

Aber gehen wir mal anders an die Sache ran:

Sie rufen den gleichen viel beschäftigten Geschäftsmann wegen einer Verabredung an und sagen: „Herr oder Frau Beschäftigt, ich würde gerne auf einen Sprung vorbeikommen und mich vorstellen. Ich biete eine Verdienstmöglichkeit, die Sie sicherlich interessieren wird. Dafür brauche ich nur zwei Minuten Ihrer kostbaren Zeit, und wenn ich auch nur eine Sekunde überziehe, spende ich einem wohltätigen Zweck Ihrer Wahl unter Ihrem Namen 250 €. In Ordnung?"

Wie würden Sie auf dieses Angebot reagieren – mit solch einer Garantie?

Sie sind also zum verabredeten Zeitpunkt da und sagen nach dem Händedruck:

„Herr oder Frau Beschäftigt, ich bin in ein revolutionäres Network-Marketing-Geschäft involviert, das explosionsartig wächst. Es handelt sich um ein risikofreies Angebot, eine Kombination aus Maximierung, dem Aufbau eines arbeitsfreien Nebeneinkommens in einigen wenigen Monaten (vergleichbar mit der Situation, in der Sie einige Hunderttausend irgendwo angelegt haben) und bedeutender Steuervorteile. Und dazu müssen Sie nicht mehr tun, als einer ebenso erfolgreichen, beschäftigten Person, wie Sie es sind, dieses 10-minütige Video zu geben und sie zu bitten, es sich innerhalb der nächsten 24 Stunden anzusehen. Wenn das, was Sie auf dem Video sehen, Ihr Interesse findet, können wir uns weiter unterhalten. Würden Sie sich das Video ansehen, sodass ich es morgen wieder bei Ihrer Sekretärin abholen kann?"

Dafür brauchen Sie nicht mal 40 Sekunden – und schon haben Sie das Büro wieder verlassen und mehr als eine Minute übrig.

Können Sie sich irgendein anderes Geschäft vorstellen, in das man so wenig Zeit investieren muss und das dennoch derart attraktive, beeindruckende Ergebnisse bringt?

Und sehen Sie sich nun mal an, was Sie diesem äußerst beschäftigten Menschen vermittelt haben: *Für dieses Geschäft braucht man nur 60 Sekunden* (plus Anreise). Ihr potenzieller Geschäftspartner ist wohl kaum eher schon mal *so* einem „Vertreter" begegnet. Können Sie sich vorstellen, dass er sich auch für fähig hält, dieses Geschäft zu betreiben, insbesondere wenn er oder sie einflussreich ist? Hat nicht auch der beschäftigtste Zeitgenosse Zeit für ein Geschäft, das man in unter zwei Minuten erledigen kann?

Freunde: Wer diese Methode weise und bei den richtigen Menschen einsetzt, bewegt eine Menge!

Diese Marketing-Methode nennt man „Video-Einsatz". Man kann sie, abhängig von den Zielpersonen, auf vielerlei Art und Weise einsetzen. Sie können bei einer Verabredung ein Video aushändigen, wie im obigen Beispiel, oder das bei einem Chance-Meeting tun (Nehmen Sie einfach ein oder zwei Videos mit.). Man kann sie natürlich auch per Post verschicken, womit wir uns in Kürze näher befassen werden. Egal, wie Sie das Video einsetzen, Sie vermitteln potenziellen

Geschäftspartnern, dass Sie im simpelsten Geschäft der Welt sind! Sogar ein erfolgreicher, viel beschäftigter Mensch kann es sich ja mal ansehen. Es ist so einfach und geht so schnell, dass es töricht wäre, es sich nicht anzusehen, oder?

Und auf eben diese Art und Weise wurden bereits zahllose Menschen rekrutiert. Sie haben dank Video „angebissen“. Als sie dann nach und nach weiter informiert wurden, Menschen kennen lernten und bei Events dabei waren – oder die Produkte probierten und für ausgezeichnet hielten –, entwickelten sie eine ausreichend starke Überzeugung und investierten Zeit in den Aufbau ihres neuen Geschäfts, egal wie beschäftigt sie bereits waren. Dieses System funktioniert, solange derjenige, der es nutzt, sich bei jedem Einzelnen nur um das notwendige Follow-up kümmert.

Lassen Sie sich weiterempfehlen, und lassen Sie die Tür auf

Bleiben Sie verständnisvoll, wenn Ihr Gegenüber ablehnend reagiert – „Ich habe keine Zeit, mir ein 10-minütiges Video anzusehen“ oder: „Mein Hund hat gerade meinen Videorekorder zerstört“ – und fragen Sie ihn, ob er vielleicht einen Geschäftsfreund oder Kollegen kennt, der sich diese fantastische Möglichkeit mal ansehen möchte.

Wie ich bereits in Geheimnis Nr. 6 **Meisterrekrutierer bauen liebend gerne Brücken** sagte: Egal, was geschieht, *lassen Sie die Tür auf.* Danken Sie dem Betreffenden für seine kostbare Zeit und verabschieden Sie sich. Heben Sie seine Adresse auf, und schicken Sie ihm ab und zu Kurzbriefe und Informationen. Halten Sie ihn über Ihre Erfolge und die anderer viel beschäftigter Menschen, die sich Ihrem Geschäft angeschlossen haben, auf dem Laufenden. Nichts ist erfolgreicher als Erfolg. Wer weiß? Vielleicht ist der

Betreffende ja in ein oder zwei Monaten offen dafür, sich 10 Minuten Zeit für ein Video zu nehmen.

Was, wenn eine Network-Marketing-Firma einem kein Video zur Verfügung stellt? Das ist nicht weiter schlimm, denn es gibt eine ganze Reihe Videos, die sich nicht mit einzelnen Produkten oder Angeboten befassen, sondern damit, worum es im Network-Marketing eigentlich geht. Am Ende des Buches finden Sie weitere Informationen dazu. Suchen Sie sich das passende Video aus, und benutzen Sie es.

„Ich habe kein Fernsehgerät!

Das einzige Problem bei diesem Verfahren könnten Menschen ohne Fernsehgerät oder Videorekorder sein, denen diese Geräte anscheinend nicht so wichtig sind. In diesem Fall setzen Sie eine Audiokassette oder eine Audio-CD ein und gehen ansonsten genauso vor.

Es gibt heute kaum noch Menschen ohne Kassettenrekorder; auf jeden Fall haben sie einen im Auto. Viele nutzen die Fahrzeit im Auto sowieso dazu, sich Motivationskassetten anzuhören oder Bildungsprogramme. Stellen Sie sich mal vor: Sie können zu Hause sitzen und dennoch am gleichen Nachmittag 20 Menschen ansprechen, während sie von der Arbeit nach Hause fahren. Es macht Spaß, hart zu „arbeiten“, wenn man mit den Kindern spielt oder am Swimmingpool liegt, während potenzielle Geschäftspartner die Tretmühle verlassen und nach Hause fahren (und ihre Schmerzen damit lindern, dass sie sich etwas über eine wunderbare Chance auf finanzielle Freiheit und mehr Freizeit anhören!). Gibt es einen besseren Moment, jemandem etwas über sein Angebot zu erzählen als im Stau?!

Maximierung ist der Schlüssel; wie man seinen Einsatz in Einsatz hoch 2 (E^2) verwandelt. Kassetten – Video, Audiokassetten und Audio-CDs – sind großartige Hebel. Stellen Sie sich vor, in der Stadt oder im ganzen Land sind 20 bis 30 Ihrer Audio- oder Videokassetten oder Audio-CDs unterwegs. Abend für Abend sehen oder hören sich 10 Menschen oder mehr Ihre Botschaft an.

Bedenken Sie: Sie sind der Übermittler – es ist Ihre Aufgabe, die Botschaft so breit wie möglich zu streuen. Mit Audio- und Videokassetten oder Audio-CDs kann man das eben beharrlich und effektiv machen: Sie befreien sich aus Ihrer Abhängigkeit vom Einzelgespräch und persönlicher Präsenz.

Die Macht der Maximierung

Und verlieren Sie einen wesentlichen Aspekt dieser Methode nicht aus den Augen: Sie lässt sich leicht und mühelos *duplizieren*!

Sie könnten versuchen, all Ihren neuen Geschäftspartnern beizubringen, wie man in großen und kleinen Kreisen attraktiv präsentiert. Wie lange würden Sie dazu brauchen? Was bräuchte man, um den Menschen ihre Angst vor dem öffentlichen Auftritt zu nehmen? Oder Ihre „Furcht vorm Verkaufen"?

Sie könnten ihnen jedoch auch zeigen, wie man potenziellen Geschäftspartnern eine Kassette aushändigt und wie das Follow-up aussieht. Wie lange würden Sie dazu brauchen? Welche Fähigkeiten braucht man, um das effektiv tun zu können? Und haben Ihre Geschäftspartner interessierte Menschen gefunden und brauchen Ihre Fähigkeit, um das Gesamtangebot zu präsentieren, dann investieren Sie Ihre wertvolle Zeit nur bei vorselektierten und höchstwahrscheinlich geeigneten Kandidaten.

Sie sehen, wie schnell man mit solch effektiven Hebeln ein Netz aufbauen kann, nicht wahr?

Hier ein wesentlicher Unterschied zwischen gewöhnlichen Networkern und Meisterrekrutierern: Ich bitte Sie, folgendes zweimal zu lesen, damit es seine Wirkung nicht verfehlt.

Der gewöhnliche Rekrutierer legt mehr Wert auf Geld als auf Zeit. Er verschwendet seine Zeit mit dem Versuch, sein Geld festzuhalten. *Meisterrekrutierer legen mehr Wert auf Zeit als auf Geld.* Sie investieren ihr Geld in Methoden, mehr aus ihrer Zeit zu machen.

Wenn es Ihnen ernst ist mit dem Aufbau eines äußerst erfolgreichen Network-Marketing-Unternehmens, dann verschwenden Sie keine Zeit.

Bevor wir dieses Kapitel abschließen, möchte ich noch gern aus einem Artikel zitieren, den ich Juni 1992 für *Upline™ – The Newsletter For Network-Marketing Leaders* geschrieben habe. Er heißt *Jenseits von Huhn und Ei* und befasst sich mit einer wichtigen Entdeckung, die wir beim Erforschen erfolgreich eingesetzter Rekrutierungsmethoden gemacht haben. Hier also:

Jenseits von Huhn und Ei

Was war als Erstes da: Das Huhn oder das Ei?

Sie kennen das Dilemma: Sie haben jemand eingeladen, sich Ihr Network-Marketing-Geschäft anzusehen. Was zeigen Sie ihm als Erstes: Ihr Produkt oder Ihren Geschäftsplan?

Was zuerst: Huhn oder Ei?

Es gibt unterschiedliche Lehrmeinungen dazu, meine lautet: *Man sollte den Menschen zuerst etwas über die Arbeit als Bauer erzählen*! Also übers Network-Marketing.

Lassen Sie mich das erläutern.

Man sollte sich beim Marketing an den Bedürfnissen des Marktes orientieren – da sind wir sicher der gleichen Meinung, oder? Es ist nicht maßgeblich, was man *selber* denkt, sondern was die meisten Menschen haben wollen: die Nachfrage.

Was brauchen die meisten Menschen im heutigen wirtschaftlichen Klima? Brauchen sie Nahrungsmittelergänzung, Kosmetikprodukte, Wasserau fbereitungsgeräte...? In Wirklichkeit ist es ganz egal, wie wundervoll das Ei oder wie schön und groß die Henne ist, denn die Nachfrage ist eine ganz andere.

Was die Menschen heute mehr denn je brauchen, sind *finanzielle Alternativen.* Sie möchten an eine Möglichkeit glauben können, die ihnen hilft, ihre finanzielle Zukunft in den Griff zu bekommen. Ganz egal, wie gut Ihr Produkt ist oder wie fantastisch Ihr Geschäftsplan, die meisten Menschen müssen zunächst etwas über die Möglichkeiten der *Network-Marketing-Branche an sich* hören.

Mehr als ein „Arbeitsplatz“

Sogar in den heutigen, unsicheren Zeiten denken die meisten Menschen immer noch, es ginge darum, „sich eine Arbeit zu suchen“. Zuallererst müssen wir also diese Denkgewohnheit unter Beschuss nehmen und zeigen, dass

„eine Arbeit“ nicht mehr die richtige Antwort ist. Vielmehr hängt dauerhafter Erfolg von *den Menschen selbst* ab. „Sichere Arbeitsplätze“ sind die Dinosaurier von heute. Wir müssen Menschen für Selbstständigkeit begeistern, sodass sie nie wieder von „einer Arbeitsstelle“ abhängig sind.

Machen Sie die Menschen darauf aufmerksam, dass man, dank der wundervollen Möglichkeiten der Network-Marketing-Branche, sein Leben selbst in die Hand nehmen kann.

Dabei gehört es zu den wesentlichen Elementen dieses Marketingkonzeptes, dass Sie nicht dazu da sind, irgendetwas zu „verkaufen“, sondern um zu *informieren.* Sie könnten beispielsweise sagen: „Ich suche ein paar Menschen, die es einfach satt haben und die endlich die Zukunft in die eigene Hand nehmen wollen; die statt eines Jobs eine wirkliche Chance suchen. Es gibt eine Branche, von der sie erfahren sollten.

Ich verfüge über Fakten und Informationen zum Network-Marketing und was diese Menschen davon haben. Ich will Ihnen hier nichts verkaufen: Meine Aufgabe ist es vielmehr, Informationen über eine finanzielle Alternative zu verbreiten.

Ich kann sie Ihnen jedoch nur für kurze Zeit überlassen. Sie müssten mir die Kassette (CD) nach 48 Stunden wiedergeben, weil noch eine ganze Reihe anderer Menschen sich informieren möchte.

Wenn Sie die Information bei Rückgabe der Kassette (CD) für so wertvoll halten, dass Sie sich Ihre eigenen Möglichkeiten in dieser Branche näher ansehen möchten, kann ich Ihnen gern etwas über die Produkte und Firma erzählen, mit der ich zusammenarbeite. Aber der erste Schritt wäre, sich die Fakten und Informationen über die Branche insgesamt anzusehen."

Warum diese Vorgehensweise gut ist

Das hat drei Gründe:

Erstens, weil sie in der heutigen wirtschaftlichen Lage ins Schwarze trifft. Denken Sie nur dran, was die meisten Menschen dort draußen miterleben müssen.

Zweitens sind die Menschen es müde, dass man ihnen dauernd etwas verkaufen will – im Fernsehen, in der Zeitung, telefonisch beim Abendessen, auf Plakatwänden ...... überall Verkauf. Gönnen wir ihnen eine Pause!

Wenn Ihnen diese Idee gefällt, dann probieren Sie sie doch mal aus, wenn Sie sich mit Menschen treffen. Versuchen Sie nicht, ihnen etwas zu verkaufen. Und heben Sie das von Anfang an hervor – sich informieren zu lassen, verpflichtet zu rein gar nichts. Anschließend urteilen Sie *selbst*, wie gut dieses Verfahren funktioniert.

Der dritte (und wahrscheinlich wichtigste) Grund für dieses Vorgehen ist, den potenziellen Geschäftspartner *zuerst* mit dem großen Ganzen vertraut zu machen. Sie erhöhen damit den Prozentsatz der Geschäftspartner, die als Erstes etwas übers Network-Marketing an sich erfahren haben. Und die besten Kräfte heutzutage sind diejenigen, die die Branche insgesamt lieben.

Und wenn Sie sich dann mit diesen Menschen hinsetzen und ihnen Ihre Produkte und Firma „verkaufen" – haben sie es schon „gekauft"! Wenn die Menschen die Möglichkeiten der

Branche zu schätzen wissen, haben sie bereits den Wunsch (und sei es unbewusst), Ihr Produkt und Ihr Angebot möge auch bei ihnen funktionieren. Sie verkaufen es sich selbst.

Erzeugen Sie damit eine positive Grundüberzeugung?

Ja und nein. In gewissem Sinne erzeugen Sie nur bei denjenigen eine positive Überzeugung, die sie auch haben *wollen.* Obwohl: Sie erzeugen sie eigentlich nicht, vielmehr lösen Sie eine Überzeugung aus, die nur darauf *gewartet hat, ans Licht zu kommen.* Sie docken an dem Wunsch der Menschen nach Alternativen an und zeigen ihnen eine Lösung. Sie geben ihnen Hoffnung und decken nebenbei auf, wer bereit für den Wandel ist – und wer nicht.

Denken Sie stets daran – das ist ganz wesentlich –, dass *Sie die Menschen nicht davon überzeugen wollen, wie wertvoll Network-Marketing ist*! Sie sind sich des heutigen wirtschaftlichen Klimas bewusst, wie Ihre potenziellen Geschäftspartner auch. Sie wollen lediglich einen Beitrag leisten, nicht angeblich, sondern *wirklich.* Sie verschaffen den Menschen Information, und diese haben dann die Wahl, ob sie es sich näher ansehen möchten.

Sind sie nicht offen für die finanziellen Chancen des Network-Marketings, dann hindert Sie nichts daran, ihnen dennoch Ihre Produkte anzubieten – *Sie haben also nichts verloren.* Sind die Menschen jedoch offen, ist Ihre Chance größer geworden, eine echte Spitzenkraft zu sponsern und nicht nur einen guten Endkunden, denn der Betreffende hat zunächst eine Verbindung zur Branche an sich gefunden.

Welche Instrumente?

Wesentlich bei diesem Vorgehen sind die entsprechenden Instrumente, Informationen also, die die Menschen über das Network-Marketing aufklärt und sie inspiriert. Je allgemein gültiger, desto besser, denn dadurch empfindet man es als Information und nicht als Werbung.

Für diesen Zweck gibt es heutzutage bereits eine ganze Reihe Instrumente. Manche Leute benutzen Bücher dafür, andere Audiokassetten oder CDs, und wieder andere verlassen sich ganz auf Videos und das Internet. Welche Mittel sind die effektivsten?

Ich benutze am liebsten zwei, denn man muss eigentlich zwei Bedürfnisse erfüllen, den Wunsch nach Information und den nach Inspiration.

Erst inspirieren – dann informieren

Es ist nachgewiesen worden, dass das *geschriebene Wort* das wohl effektivste Mittel ist, um Tatsachen zu vermitteln – *Information.*

Wenn man Dinge gedruckt sieht, ist man eher geneigt, sie zu glauben. Große Glaubwürdigkeit erreicht man mit einem Buch über Network-Marketing mit solider, professioneller Information über die Branche.

Aber ganz egal, wie gut oder interessant das Buch ist, die meisten Menschen setzen sich nicht ein bis zwei Stunden hin und lesen es, es sei denn, ihr Interesse wurde bereits geweckt. Als Erstes muss man ihnen also etwas geben, das sie *emotional* dazu veranlasst, das Buch lesen zu wollen – und ein *Video* ist das perfekte Mittel dazu.

Videos sind effektiv, wenn man Menschen emotional berühren will – nicht ihre Vernunft, sondern das Gefühl. Audiokassetten leisten das bis zu einem gewissen Grad auch. Allerdings bringen sie Bilder nicht so gut rüber wie ein Video. Für Audiokassetten spricht jedoch, dass man sie gut im Auto anhören kann und sich nicht die Zeit nehmen muss, sie sich anzusehen. Beides hat also Vorteile. Ich favorisiere jedoch das Video, weil es einen zwingenden, visuellen Eindruck vermittelt.

Wenn Sie beide Medien – Video und Buch – kombinieren, machen Sie am meisten Eindruck. Sie haben die Chance erheblich gesteigert, dass potenzielle Geschäftspartner die enormen Möglichkeiten der Branche erkennen und sich näher damit befassen wollen.

Beides zusammen stimuliert, inspiriert und informiert. Erst sehen sich die Menschen das Video an, und wenn ihr Gefühl berührt und ihr Interesse geweckt ist, sind sie ausreichend motiviert, das Büchlein durchzulesen. Dieses verschafft ihnen ausreichend Fakten und Informationen, um ihre Begeisterung zu untermauern.

Die Vorgehensweise ist das Produkt

Die erfolgreichsten Network-Marketer sind diejenigen, die die Branche genau so lieben, wenn nicht gar mehr, wie die eigene Firma. Wie ich bereits sagte: Sie lieben die Vorgehensweise. Daher kann kein Widerspruch, keine Enttäuschung und Entmutigung sie wirklich aufhalten. Sie machen weiter, bis sie das perfekte Fahrzeug gefunden haben. Und das deshalb, weil ihnen die Vorgehensweise an sich gefällt und sie sich dafür engagieren möchten. Solche Menschen finden das Unternehmen ihrer Träume und werden in dieser Branche enorm erfolgreich sein.

Wie könnte man Menschen besser ins Network-Marketing einweihen, als ihnen das Verfahren an sich zu zeigen, und zwar bevor man ihnen das Huhn *oder* das Ei zeigt?!

Ja, Ihre Zeit ist Ihr wichtigster Besitz und auch der Ihrer Firma. Wie viel ist Ihre Zeit heute wert? Welchen Wert soll sie in einem Jahr haben? Bewegen Sie sich mit den folgenden Handlungsschritten von Ihrem heutigen Standort dorthin, wo Sie gerne hinwollen.

Meine Handlungsschritte um Geheimnis Nr. 8 zu meistern

Meisterrekrutierer legen mehr Wert auf Zeit als auf Geld

(______________) / (______________) = € __________

Mein Monatseinkommen monatl. Arbeitsstunden Stundenlohn

2) Wie viele Stunden monatlich werde ich in einem Jahr in mein Geschäft investieren?

__________ Stunden im Monat

3) Wie hoch soll mein Stundenlohn in einem Jahr sein?

€ __________ pro Stunde

4) In welche allgemein gültigen Instrumente und in welche Werkzeuge meiner Firma, die meine Zeit produktiver gestalten und meine Einkommensziele wahr werden lassen kann ich heute investieren?

Geheimnis Nr. 9

Meisterrekrutierer wissen, dass jedes Geschäft eine D.D.V. braucht

Was das heißen soll?

Abkürzungen können vielerlei heißen – und diese heißt: „Darstellung der Vorteile“. Sie ist eines der effektivsten Werkzeuge aus der Kiste von Meisterrekrutierern.

Darstellung der Vorteile

Letztes Jahr nahm ich auf einer Kreuzfahrt von San Diego nach Mexiko und zurück an einer MLMIA-Konferenz teil. An Bord befanden sich einige hervorragende Redner, die das Programm mit gestalteten. Einer von ihnen weckte meine Neugier: Er war ein wahrer Experte für die Kunst des Network-Marketings.

Eines seiner Konzepte hatte mein besonderes Interesse; er nannte es „Erinnerungsköder“. Man benutzt ihn beim Kennenlernen, und zwar, um Neugier danach zu wecken, wer Sie sind und was Sie machen. Man „ködert“ die Menschen, Sie über die Dinge zu befragen, über die Sie reden wollen.

Der Redner gab mehrere Beispiele für Erinnerungsköder, die den Namen von Menschen verwenden oder den ihrer Firmen. Aber den *wahren* Wert seiner Methode erkannte ich erst, als er erzählte, wie man damit die Vorteile seiner Organisation oder Firma vermittelt.

Verstehen Sie, wie effektiv und nützlich das fürs Rekrutieren sein könnte? Ich sehr wohl, denn ich saß ganz vorn auf meinem Stuhl und hörte genau zu, was der Redner sagte.

Plötzlich war mir sonnenklar, was ein Erinnerungsköder ist und wie er funktioniert! Er hatte mich *geködert*: Ich saß gespannt auf dem Stuhl und widmete dem Redner meine ganze Aufmerksamkeit. Ich war nicht mehr nur neugierig, sondern ich wollte *jedes einzelne Wort* hören. Weshalb? Weil ich die Vorteile nutzen wollte, von denen er redete. Der „Köder", den er bei der Beschreibung des „Erinnerungsköders" benutzte, hatte meine Neugier geweckt und mich voll involviert.

Dann sollten wir eine Übung machen. Jeder erstellte eine eigene DDV. Anschließend stellten wir uns den anderen vor und nutzten dabei unsere Erinnerungsköder.

Eine Frau, Buchhalterin bei einer Network-Marketing-Firma namens ZERF, stellte sich so vor: „Hallo, ich heiße Sally und mache bei ZERF den Nerv. Hast du die Ware, krieg ich das Bare."

Eine andere Frau, eine unabhängige Geschäftspartnerin namens Pfeffer, sagte: „Hallo, ich heiße Pfeffer. Mein Geschäft bringt Würze ins Leben."

Beide Köder gefielen mir. Ich wurde neugierig auf die Frauen und was sie eigentlich machten. Aber die DDV, die mich wirklich köderte, stammte von Buddy, einem Finanzberater.

Ich habe im Lauf der Jahre viele Finanzberater kennen gelernt und hatte, ob richtig oder falsch, ein Bild davon, was solche Menschen tun: Sie sind eine Art Buchhalter, nichts Aufregendes oder Kreatives, und ich war immer der Meinung, die Planung meiner finanziellen Zukunft sei bei mir selbst in den besten Händen. Wäre Buddy also gekommen und hätte gesagt: „Hallo, ich heiße Buddy und bin Finanzberater", hätte ich wahrscheinlich ein bisschen Smalltalk mit ihm gemacht und hätte mich, auf der Suche nach einem interessanteren Gesprächspartner, schnell wieder verabschiedet.

Aber Buddy weckte mein Interesse *wirklich*. Er „köderte" mich!

Wir stellten uns vor, und ich fragte: „Und womit verdienst du dein Geld, Buddy?" Er sagte: „Meine Klienten sagen, ich befreie sie für den Rest ihres Lebens von allen Sorgen."

Hallo, Buddy, hast du Zeit für ein Gespräch?!

Sie sehen, er erzählte mir nicht, was mich nicht interessierte. Er gab auch nicht an oder sagte, wie großartig er sei. Er sagte mir lediglich, was seine Klienten über ihn sagten. Es war sehr schlau von ihm, die Meinung Dritter wiederzugeben. Und was diese über seine Arbeit sagten, zeigte den Vorteil auf, der wohl jeden interessiert – mich eingeschlossen. Das ist der *perfekte* Erinnerungsköder. Eine sehr wirksame DDV. Einer der Gründe, weshalb Buddy heute mein Finanzberater ist!

Positionierung ist der Schlüssel

Positionierung ist das effektivste Marketinginstrument schlechthin. Wie Sie sich und Ihr Network-Marketing-Angebot auf dem Markt positionieren, kann den Aufstieg oder Untergang Ihrer Organisation bewirken.

Und der Schlüssel für eine erfolgreiche Positionierung sind die *Vorteile,* die man zu bieten hat.

Jedes Unternehmen möchte in den Köpfen seiner jetzigen und potenziellen Kunden eine Position haben. Etwas, woran man sich leicht erinnert und das einen von allen anderen Konkurrenten abhebt. Ein Geschäft mit einer klaren und verlockenden DDV zieht die meisten Menschen an.

Das Konzept der Positionierung stammt von den Werbeexperten der Madison Avenue in New York. Die haben nämlich höchstens zwei Sekunden, um mit einer Anzeige oder einem Produkt im Regal die Aufmerksamkeit zu wecken. Wenn sie sich in dieser Zeit nicht erfolgreich beim Kunden positionieren können, wird ein anderer es tun und „das Geschäft machen“.

Viele Menschen glauben, die *einzig* richtige Positionierung sei die an der *Spitze*. Das ist jedoch nicht immer der Fall.

Erinnern Sie sich noch an die Anfangszeit des Autovermieters AVIS? AVIS warb mit dem Spruch: „We're number two. We try harder.” (Wir sind die Nummer zwei. Wir tun mehr unser Bestes.) Hertz ist auch heute noch die Nummer eins, aber AVIS konnte sich von allen Mitbewerbern absetzen und hat den lukrativen zweiten Platz ganz für sich allein. Das ist meisterhafte Positionierung.

Es geht also nicht unbedingt um die beste Gesamtposition, sondern darum, sich bei den Menschen, mit denen man spricht, optimal zu positionieren, und zwar auf einzigartige Weise... mit etwas, das niemand sonst bieten kann... und womit man das anspricht, was die Menschen mehr wollen als alles andere.

Wie wollen Sie Ihr Geschäft also positionieren? Wie „ködern" Sie potenzielle Geschäftspartner, mehr davon wissen zu wollen, was Sie machen? Welche DDV – Darstellung der Vorteile – wollen Sie vermitteln?

Schreiben Sie auf die folgenden Zeilen einige DDVs zu Ihrem Produkt oder Angebot: die heißesten, die Sie zu bieten haben.

Warum sind Positionierung und DDVs eigentlich so wichtig?

Erinnern Sie sich noch an die Visitenkarten und dass ich meinte, dass man im Network-Marketing *fürs Werben bezahlt* wird?

Erfolgsarme Network-Marketer machen häufig den Fehler, für die falschen Dinge zu werben. Sie sind so sehr damit beschäftigt, den Menschen alles über ihr Produkt oder ihr Angebot zu erzählen – die Spezifikationen des Produktes oder Einzelheiten aus dem Geschäftsplan –, dass sie die allerwichtigste Information außer Acht lassen: *die Vorteile.*

Die Vorteile des Vorteils

Vorteile wecken Aufmerksamkeit. Was die Menschen wirklich wollen, sind Vorteile.

Auf welche Art Sie anderen Ihre Vorteile näher bringen, kann den Unterschied zwischen Erfolg und Fehlschlag ausmachen.

Sie bauen einen guten Draht auf und erforschen, was die Menschen brauchen und wollen, weil Sie nämlich Ihre Vorteile *speziell auf sie zuschneiden* wollen. Einfach gesagt wollen die Menschen wissen, *was für sie drinsteckt.* Das heißt: *Vorteile.*

Wissen Sie, wie viele Bohrer jährlich über den Ladentisch gehen? Millionen, und der Markt wächst weiterhin. Und wissen Sie, was dabei wirklich erstaunlich ist? Niemand will wirklich Bohrer, sondern, was Menschen in Wirklichkeit brauchen, sind – *Löcher*!

Bohrer sind lediglich das Mittel zum Zweck. Die Menschen wollen eigentlich nur den Vorteil, den *Bohrer* ihnen bringen. Und das Gleiche gilt für die Produkte und Angebote des Network-Marketings.

Menschen wollen keine Vitamine nehmen, sie wollen vielmehr vital, gesund und lebendig sein!

Sie wollen sich keine Cremes ins Gesicht schmieren, sondern zehn Jahre jünger aussehen!

Sie wollen kein Geschäftsangebot, sondern Leben und Arbeit unter Kontrolle bringen. Sie wollen mehr Zeit mit der Familie verbringen. Sie wollen die Freiheit, zu reisen und Abenteuer zu erleben. Menschen wollen mehr Spaß im Leben!

Und hier das Allerwichtigste: *Menschen wollen nicht mehr Geld haben, sondern die Vorteile, die größerer Reichtum mit sich bringt.* Sie wollen das, was sie mit mehr Geld kaufen können: ein Haus, ein neues Auto, Freizeit, Sicherheit, Rente, Studienkosten...

Je mehr Sie sich darauf konzentrieren, den Menschen, denen Sie begegnen, klare, sofort erkennbare und hoch geschätzte Vorteile zu vermitteln, desto mehr Erfolg werden Sie in diesem Geschäft haben. Meisterrekrutierer wissen das.

Wissen Sie, was Meisterrekrutierer den ganzen Tag tun? Sie erzählen Menschen von Löchern.

Sie vermitteln Vorteile, sowie sie den Mund aufmachen. Alles, was sie äußern – jeder Anruf, jeder Knopf, den sie drücken, jede Visitenkarte, jeder Brief und jedes Paket, das sie verschicken –, ist mit Darstellungen der Vorteile nur so gespickt.

Das taucht alles in ein ganz neues Licht, nicht wahr?

Bringen Sie die DDV, die Sie auf Seite 157 notiert haben mit folgenden Handlungsschritten der Wirklichkeit einen Schritt näher.

Meine Handlungsschritte um Geheimnis Nr. 9 zu meistern

Meisterrekrutierer wissen, dass jedes Geschäft eine D.D.V. braucht

Bevor Sie diese Übung machen, sollten Sie sich Folgendes vorstellen: Immer wenn man Sie fragt: „Was machen Sie?“, sagt man Ihnen auch, es sei in Ordnung, jetzt Ihre 15-sekündige Werbung zu präsentieren. Für einige Augenblicke sind die Menschen ganz Ohr – und Sie haben ihre Zustimmung, Werbung zu machen. Würde Sie die Produktion Ihrer Werbung ein paar tausend Euro kosten, wüssten Sie *ganz genau*, wie sie aussehen würde und welche Botschaft sie hätte.

1) Wenn Sie das bedenken: Welche DDV (Darstellung der Vorteile) vermitteln Sie potenziellen Geschäftspartnern? Wie „ködert“ Ihre Werbung die Menschen, mehr über Ihr Geschäft wissen zu wollen?

____

____

____

____

____

____

Geheimnis Nr. 10

Meisterrekrutierer schützen Bäume

Hier ein wichtiger Unterschied zwischen Meisterrekrutierern und anderen Network-Marketern: Je mehr Meisterrekrutierer wissen, desto weniger sagen sie.

Komisch, oder? Die meisten Menschen häufen immer mehr Wissen an, um auf alle Fragen eine Antwort zu haben – und diese wollen sie potenziellen Geschäftspartnern dann *in einem Rutsch geben.*

Nun, *das funktioniert nicht*!

Ich weiß nicht, wo die Idee herkommt, es würde Interesse wecken, potenzielle Geschäftspartner unter einem Berg an Informationen zu begraben. Dennoch sehe ich das immer wieder: Jemand macht eine Präsentation, und wenn der potenzielle Geschäftspartner eine Frage stellt, eilt er zur Aktentasche oder wohin auch immer und zieht noch einen Stapel Papiere hervor. Mit einem: „Sehen Sie sich das mal an!“ wird ein weiterer Berg Information auf den armen Zeitgenossen abgeladen.

Ich denke, wer das macht, hat irgendwann mal gelernt: „Im Zweifelsfall mehr Information.“

Aus diesem Grund sage ich, dass Meisterrekrutierer Bäume schützen. Haben Sie eine Ahnung, wie viele wundervolle 100-jährige Bäume gefällt werden, um das ganze Papier zu produzieren? Und wie viel davon wirklich genutzt und wie viel weggeschmissen wird?

Wahr ist: „Je mehr Leuten Sie davon erzählen, desto besser verkaufen sie.“ Aber ebenso wahr ist: „Je weniger Sie sagen, desto mehr wollen die Leute von Ihnen wissen.“

Eine Erwartungshaltung aufbauen

Sie haben im Kino sicherlich schon mal Filmtrailer gesehen. Wie lange dauern die – höchstens ein paar Minuten, oder? Sie sind so kurz, damit Sie Lust auf den ganzen Film bekommen. Es ist ein Vorgeschmack, mehr nicht. Ein sehr verlockender Vorgeschmack, der Erwartungen weckt.

Meisterrekrutierer tun das Gleiche. Sie streuen nicht mit Bonbons, sondern verschenken sie einzeln. Sie wecken die Neugier der Menschen gern. Wenn sie ein wenig geben, wecken sie damit zugleich den Wunsch potenzieller Geschäftspartner, mehr zu erfahren... und dann noch *mehr*... und immer *noch mehr*.

Das gilt ganz besonders für die Post von Meisterrekrutierern.

Der Versand von Post oder Paketen an potenzielle Geschäftspartner ist ein wesentlicher Baustein beim Aufbau erfolgreicher Network-Marketing-Firmen auf nationaler und internationaler Ebene.

Leider stopfen viel zu viele Network-Marketer ihre Umschläge voller Handzettel, Informationsblätter, Broschüren und Büchlein zu ihrem Produkt und Geschäftsplan. Und zwei Tage später steht ihr potenzieller Geschäftspartner vor einem Berg an Lesematerial, der noch zu den ganzen Katalogen, Werbebriefen und Rechnungen dazukommt, den er sowieso schon erhält.

Wer hat schon die Zeit, das alles zu lesen? Sie vielleicht? Und was sagt diese Vorgehensweise anderen über das Geschäft und wie es funktioniert?

Ja, wir versenden Informationen und Produkte per Post. Es geht jedoch um die *Qualität* dessen, was wir versenden, und nicht um die *Quantität*.

Wie man Post an potenzielle Geschäftspartner nutzt

Obwohl ich sehr dafür bin, den Postweg zu nutzen, bin ich doch dagegen, sein Network-Marketing nur auf Direct-Mailing aufzubauen.

Direct-Mailing ist eine ernste Sache. Einige der bestbezahlten, erfolgreichsten Marketing-Profis haben ihr Vermögen im Massenversand gemacht. Es ist eine Kunst und Wissenschaft für sich, und wer Erfolg dabei haben will, braucht viele Ressourcen. Und man sollte natürlich wissen, was man tut.

Die meisten wissen es jedoch nicht. Viele hoffnungsfrohe Network-Marketer haben ihr letztes Hemd damit verloren, gutes Geld und viel Zeit in schlecht organisierte Direct-Mailing-Kampagnen zu stecken.

Es gibt jedoch Mittel und Wege, diese Methode zu nutzen, teure Fehler dabei zu vermeiden und die Chancen auf Erfolg erheblich zu steigern.

Wie Direct-Mailing *wirklich* funktioniert

Als mein Freund – wir wollen ihn Jim nennen – im Network-Marketing anfing, wusste er, dass er keine Lust hatte, Meetings zu veranstalten. Er hatte außerdem nicht genug Zeit, durch die ganze Stadt zu fahren, um einzelnen Personen seine Sachen zu präsentieren. Jim war ein namhafter Berater im Bio-Bereich und fand landesweit viel Vertrauen. Er galt als integer und als jemand, der für Qualität steht.

Jim machte zunächst eine Liste von 160 Menschen. Er verfasste einen klassischen, vierseitigen Brief und schilderte die Vorteile, die ihm diese einzigartigen Network-Marketing-Produkte gebracht hatten. Außerdem fügte er eine ganze Reihe Testimonials Dritter hinzu: Etwa die Hälfte des Briefes war voll von den Meinungen zufriedener Kunden.

Zum Schluss machte er das Angebot, die Produkte zu testen. Er schrieb, er sei sich so sicher, dass es die Gesundheit, Vitalität und geistige Klarheit der Empfänger steigern würde, dass er eine Rückgabegarantie ohne Wenn und Aber gewährleiste. „Testen Sie diese Produkte 28 Tage lang", schrieb er, „und wenn Sie die versprochenen Resultate nicht erzielen, erstatte ich Ihnen Ihr Geld ohne Wenn und Aber zurück."

Er schickte eine Broschüre mit, die die einmalige Produktqualität schilderte und wie es angebaut, geerntet und verpackt wurde, nebst einer Beschreibung der Inhaltsstoffe.

Dann ging Jim in drei Schritten vor:

Direct-Mailing in drei Schritten

Als **Erstes** rief er die Menschen auf seiner Liste an und erzählte ihnen von den fantastischen Produkten, die er kürzlich entdeckt hatte. (Bei der Vorbereitung hatte er ein Drehbuch verfasst, wie er die Vorteile klar vermitteln konnte.) Seine Begeisterung, Energie und Überzeugtheit war glaubhaft und schlug an. Er fragte dann, ob er oder sie an zusätzlicher Information interessiert war. Falls ja, nahm er der Person das Versprechen ab, die Sachen zu lesen und nicht gleich wegzuschmeißen. Anschließend versicherte er ihr, die Info sofort zu verschicken. Er wollte nur, dass sie sich seinen Brief auch wirklich ansehen. Keine Verpflichtungen. Kein Verkaufsgespräch. Nur: „Sehen Sie sich's an."

Er rief nicht alle auf einmal an, sondern verpflichtete sich, jeden Wochentag und Samstag vier Menschen anzurufen, bis er die ganze Liste durchhatte.

Weil er so begeistert war, einen guten Namen hatte und Meinungsmacher war, wollte fast jeder einen Brief von ihm.

Seiner Selbstverpflichtung gemäß schickte er jeden Tag vier Briefe raus. Das war der **zweite** Schritt. Am Schluss des Briefes stand, dass Jim in etwa zwei Tagen anrufen würde, es sei denn, man riefe ihn zuerst an. In einem kurzen PS schrieb er außerdem, dass er den Leuten auch gern erzählen würde, wie sie ihre Produkte *gratis* bekämen, wenn sie nämlich so begeistert darüber waren, dass sie vier andere anbringen würden, die sie ausprobieren wollten. Viele Empfänger waren so begeistert, dass sie ihn anriefen, bevor er sie anrufen konnte.

Am Anfang des Follow-up-Gesprächs (der **dritte** Schritt) fragte er: „Haben Sie den Brief gelesen?" Wenn nicht, fragte er, wann sie es tun würden und verabredete das nächste Gespräch. Hatten sie ihn gelesen, fragte er: „Was hat Sie an dem Produkt am meisten interessiert?“ In seiner Reaktion auf ihre Antwort erzählte er dann mehr über diesen Aspekt und beendete das Gespräch immer mit einer Geschichte über die Vorteile, die er erfahren oder das großartige Ergebnis, das jemand anderer erzielt hatte.

Nach 28 Tagen Nutzung des Produkts rief er an und erinnerte die Leute an ihr Rückgaberecht. Vier sagten, sie hätten keine Ergebnisse erzielt und wollten ihr Geld wieder. Das war kein Problem – Jim hatte einen Vorschusskredit bei seiner Firma. Einige andere, die nicht alle Ergebnisse erzielt hatten, die sie wollten, wollten das Produkt noch einmal einen Monat lang testen – wiederum mit Rückgabegarantie. Davon erzielten wiederum vier ihrer Meinung nach keine Ergebnisse und bekamen ihr Geld zurück. Insgesamt machten nur 6 Prozent aller Interessenten von ihrem Rückgaberecht Gebrauch.

Wer erst einmal die Produkte nutzte und die Ergebnisse genoss, war „geködert“. Diesen Leuten erklärte Jim, wie sie das Produkt kostenlos bekämen, wenn sie es nämlich erfolgreich an vier andere weiterempfehlen würden. Auf diese Weise bekam er gute Hinweise für sein Anrufsystem und den Versand. Er hatte nie zu wenig geeignete Kandidaten für sein Drei-Schritte-Verfahren.

Einigen Menschen bot er den Großhandelsstatus an, anderen die Geschäftspartnerschaft. Und die ganze Zeit über arbeitete er seine Liste im Drei-Schritte-Verfahren weiter ab.

Von 160 Kandidaten sponserte er letztlich 35 neue Geschäftspartner. Er schuf sich ein Kundenfundament, das ihm monatlich mehr als 500 Dollar brachte (den

Provisionsscheck der Firma nicht mitgerechnet) und war mit seiner Network-Marketing-Organisation nach drei Monaten bereits unterwegs zu Ruhm und Reichtum .

Die negative Wirkung des Duplizierens

Ein wesentlicher Aspekt dieses Drei-Schritte-Verfahrens ist, wie leicht es dupliziert werden kann. Ich sage mit Absicht „kann“, weil das sowohl *für* als auch *gegen* einen arbeiten kann.

So erfolgreich Jim mit seiner Methode war, letztlich brach sie zusammen, weil er nicht dafür gesorgt hatte, dass sie von seinen Leuten dupliziert werden konnte. Ich will das näher erläutern.

Jim war Marketing-Berater. Er schrieb seit vielen Jahre Werbetexte. Außerdem war er in der Bio-Industrie geachtet und hatte somit eine starke Position als Meinungsmacher. Außerdem standen ihm DTP-Geräte im Wert von 20.000 € zur Verfügung, die er für das Direct-Mailing und den Paketversand benutzte.

Wenn man das bedenkt, war Jims Erfolg nicht weiter erstaunlich. Leider hatten die Menschen, die Jim ins Geschäft brachte, nicht dieselben Texterfähigkeiten wie er, sie hatten keine vergleichbare landesweite Achtung und Anerkennung und waren keine Computer-Experten.

Einfach gesagt: Die Menschen, die Jim ins Network-Marketing brachte, konnten seinen Erfolg nicht duplizieren. Die einzigen Spitzenkräfte, die Jim anzog, waren Menschen wie er. Menschen mit vergleichbaren Talenten, einem ähnlich guten Ruf und entsprechenden Ressourcen.

Und genau das ist die Herausforderung beim Network-Marketing mit Direct-Mailing. Denken Sie immer daran, dass sich alles in diesem Geschäft um Duplizierbarkeit dreht. Wenn Sie Ihre Produkte per Post promoten und Menschen auch auf diese Weise rekrutieren, müssen Sie es so organisieren, dass Ihre Partner es Ihnen gleichtun können.

Das Drei-Schritte-Verfahren des Direct-Mailings ist eine großartige Idee, und sie *funktioniert*!

Es kommt dabei allerdings auf Folgendes an:

1) Arbeiten Sie mit Ihrer Namensliste und den Menschen, die Ihnen von diesen Leuten weiterempfohlen werden. Das nennt sich „Beziehungsmarketing“. Sie können die Wahrscheinlichkeit des Erfolgs enorm steigern, wenn sie Menschen, die Sie bereits kennen, kontaktieren und diejenigen, die diese Ihnen weiterempfehlen.

2) Begraben Sie die potenziellen Geschäftspartner nicht unter einem Berg an Informationen und Angeboten. Konzentrieren Sie sich auf persönliche Geschichten. Wenn Sie Informationen verschicken, halten Sie sich an die Highlights, und gehen Sie nur auf Wunsch und Nachfrage auf Details ein.

3) Die Rückgabegarantie ist wesentlich. Der Einzelhandel bietet diese Möglichkeit nicht. Das ist ein großartiges Verkaufsargument.

4) Aber ganz besonders sollten Sie darauf achten, es für wirklich *jeden* duplizierbar zu machen. Entwerfen Sie Ihre Briefe und Angebote so, dass all Ihre neuen Geschäftspartner sie benutzen können.

Die Post kann ein mächtiger Alliierter sein. Nutzen Sie sie zur Erweiterung des persönlichen Geschäfts. Sorgen Sie dafür, dass Ihre Mailings von jedem zu duplizieren sind, und sie haben ein fantastisches Werkzeug, um auf schnellstem Wege Meisterrekrutierer zu kreieren.

Wenn Sie die Post für Ihr Geschäft verwenden wollen, benutzen Sie das bewährte Drei-Schritte-Verfahren. Sie verbessern nicht nur die Chance, sich selbst zu duplizieren, sondern Sie tun etwas für die Umwelt, wenn Sie einen Baum schützen!

Vielleicht ist diese Vorgehensweise nicht für jeden das Richtige, wenn es aber bei Ihnen zündet, fachen Sie ein Feuer an! Den Anfang können Sie mit folgenden Handlungsschritten machen!

Meine Handlungsschritte um Geheimnis Nr. 10 zu meistern

Meisterrekrutierer schützen Bäume

1) Wenn ich mich beim Aufbau meines Geschäfts für das Drei-Schritte-Verfahren entscheide, wie viele Menschen werde ich dann pro Tag (oder Woche) anrufen? (Schreiben Sie Ihre Selbstverpflichtung auf die folgenden Leerzeilen.)

____

____

____

____

____

____

____

____

____

____

____

____

2) Was muss ich tun und organisieren, damit ich anfangen kann? (Machen Sie eine Liste, beispielsweise: Mailing-Liste, Produktbeschreibung und/oder Angebot, Direct-Mailing-Brief, Broschüre, Drehbuch für die Anrufe, Follow-up-System usw.)

Liste für Schritt 1: *Die Anrufe*

Liste für Schritt 2: *Das Mailing*

Liste für Schritt 2: *Das Follow-up*

Geheimnis Nr. 11

Meisterrekrutierer haben zentnerschwere Freunde

Viele Leser erinnern sich deutlich an die Stelle in meinem Buch *Erreichen Sie Höchstform in MLM*, wo ich meine, das Telefon sei manchmal zentnerschwer! Die meisten würden sich dagegen sträuben, so ein schweres Telefon in die Hand zu nehmen. Wie ist das bei Ihnen?

Es gibt selbstverständlich Menschen, für die Telefonieren so natürlich ist wie für andere das Rekrutieren. Die meisten müssen jedoch üben, wenn sie es meistern wollen.

Das Telefon gehört erwiesenermaßen zu den effektivsten Werkzeugen von Meisterrekrutierern. Wie sonst könnte man „mit jemand in Berührung kommen", egal wie weit entfernt er wohnt und arbeitet? Wenn Sie Meisterrekrutierer werden wollen, müssen Sie sich mit dem Telefon anfreunden.

Bitte nicht stören!

Ich habe Glück, denn ich musste nicht erst lernen, mich mit dem Telefon anzufreunden. Ich rede gern und halte das Telefon für einen Segen. Obwohl ich mich lieber persönlich treffe, erlaubt mir das Telefon, mich mit weit mehr Menschen zu treffen, als es mir ohne möglich wäre.

Mich nervt das *Schreiben* so, wie andere das Telefonieren nervt.

Manchmal ist meine Hand zentnerschwer, wenn ich etwas schreiben muss. Ich versuche 20 Minuten lang, einen klaren Kopf zu bekommen. Allerlei Zukunftsprojekte und unerledigte Sachen kommen mir in den Sinn. Mein Kopf ist voll, *ausgenommen* die Sachen, über die ich schreiben will – und schlimmer noch: *Ich wehre mich nicht dagegen*!

Und als wäre das nicht genug, werde ich auch noch „angegriffen". Das Telefon klingelt, Menschen kommen in mein Büro, um ein paar Takte zu quatschen... die ganze Palette. Eines Tages wurde mir das zu viel. Ich beschloss zu lernen, wie man sich aufs Schreiben konzentriert und sich dabei wohl fühlt. Also hängte ich ein Schild an meine Bürotür: „Bitte nicht stören!", schaltete den Anrufbeantworter an und verweigerte mich allen Störungen.

Nein, bei meinem Kopf funktionierte das natürlich nicht, er quasselte auch weiter über dieses und jenes, aber ich habe vor langer Zeit gelernt, wie man damit umgeht. Also übernahm ich die Führung und fing an zu schreiben.

Beim ersten Mal funktionierte das erstaunlich gut. Ich schrieb in zwei Stunden mehr als in der Woche zuvor. Nach einer Aufwärmphase von etwa 20 Minuten geriet ich in „Fluss". Sie kennen das sicherlich. Der Kopf wird klar, Sie konzentrieren sich gedanklich auf die gegebene Aufgabe, und ein kreativer Strom *ergießt sich* aufs Papier.

Ein großartiges Gefühl! Man will gar nicht mehr aufhören, wenn alles im Fluss ist, nicht wahr? Man braucht vielleicht Zeit und Geduld, um dorthin zu gelangen, aber ist man erstmal dort: *irre*!

So habe ich das Schreiben gelernt, und genau auf die gleiche Art und Weise können Sie effektiv und entspannt telefonieren lernen.

Planen Sie zuerst Zeit ein; Zeit, in der Sie außer Telefonieren nichts anderes tun – Ehrenwort?! Dann zeigen Sie der Welt das „Bitte nicht stören!“ Schild. Machen Sie den Kopf klar und setzen Sie sich an (oder stehen Sie auf!) die Arbeit. Gestatten Sie sich, „in Fluss“ zu geraten.

Das Telefon: Sinn und Unsinn eines Themas

Taxifahrer brauchen ein Auto, Cowboys einen Colt, Schauspieler eine Bühne und Network-Marketer ein Telefon.

Können Sie sich Taxifahrer vorstellen, die sich für jeden Passagier ein Auto ausleihen? Und wie wäre es mit Cowboy Pete, der Black Bert um 12 Uhr mittags herausfordert und sich kurz vorher ans Publikum wendet mit der Frage: „Entschuldigung, kann mir mal jemand einen Colt ausleihen?“

Unvorstellbar!

Es ist sicherlich das Beste für Ihr Geschäft, wenn Sie sich eigens zu diesem Zweck eine eigene Telefonleitung legen lassen und ein Zimmer einrichten. Und damit meine ich nicht die Küche! Vielleicht ausnahmsweise mal? Na klar, aber nicht als Büro – nicht einmal bei Heimarbeit. Reservieren Sie also ein Telefon und Zimmer nur für die Arbeit.

Vielleicht wäre es sogar nicht schlecht, sich zwei Leitungen zu nehmen, eine für eingehende und eine für ausgehende Gespräche. Lassen Sie nur die Nummer für eingehende Gespräche ins Telefonbuch eintragen, und veröffentlichen Sie nur diese auf Briefbögen und Ähnlichem. Dadurch können Sie jederzeit ungestört Gespräche auf der ausgehenden Leitung führen.

Das bringt mich auf eines meiner Lieblingsthemen: die Anklopf-/Makelfunktion.

Wenn ich bei meinen Seminaren sage: „Falls Sie eine Anklopf-/Makelfunktion an Ihrem Telefon haben: *Jagen Sie sie in die Luft*!“, bekomme ich immer einen riesigen Applaus. Weshalb? Weil fast jeder schon mal erlebt hat, wie diese nervige technologische Neuerung ein Gespräch stören kann.

Ich habe schon viele Projekte gemeinsam mit meinem lieben Freund und Geschäftspartner John Fogg, dem Herausgeber des *Upline™* Newsletters, durchgeführt. John wohnt in North-Carolina und ich in Kalifornien, dazwischen liegen mindestens 3000 Meilen. Da können Sie sich vorstellen, dass wir viel übers Telefon erledigen. Ja, wir hatten bereits hunderte Stunden am Telefon verbracht, bevor wir uns das erste Mal sahen!

John ist ein höflicher und nachdenklicher Mensch. Daher hat er diese Funktion wahrscheinlich ursprünglich einrichten lassen – er wollte nicht, dass man *nicht* zu ihm durchkommt.

Also, wir telefonierten und hatten gerade ein Brainstorming zu einem Abschnitt im Buch oder zu einem Artikel und waren richtig drin, als plötzlich – tuut, tuut... John bat mich meist, einen Moment zu warten, weil er einen anderen Anrufer in der Leitung hatte. Bei einem Gespräch von einer Stunde kam das durchaus sechs bis sieben Mal vor, denn schließlich ist John ein sehr gefragter Mann. Jede Menge Menschen wollten ihn sprechen – nun, *ich auch*!

Waren Sie schon mal in einer kreativen Phase und wurden plötzlich gebremst? Sie wissen schon, in die Warteschleife gesteckt, Sie warten mit halb offenem Mund und versuchen inzwischen, den Gedanken festzuhalten?

Glauben Sie nicht, es sei Rache an John, das hier zu schreiben. Es nervt ihn nämlich auch, und er entschuldigt sich dauernd dafür. Als ich ihm erzählte, es in meinem neuen Buch erwähnen zu wollen, ohne seinen Namen zu nennen, meinte er: „Mach nur, John, nenne ruhig meinen Namen. Es ist unhöflich und rücksichtslos von mir – es macht mich selber verrückt! Du hast Recht, ich sollte die Funktion in die Luft jagen!"

Im Jetzt

Es ist sehr schwer, „hier und jetzt" zu sein. Ich will nicht behaupten, ich sei ein Meister dieser Disziplin, aber ich bin von dem unschätzbaren Wert echter Präsenz überzeugt, egal ob man mit jemandem persönlich oder am Telefon zusammen ist. Wenn man uneingeschränkt aufmerksam ist, hat man das meiste von jeder Interaktion. Anrufe zu unterbrechen ist nicht nur unprofessionell, sondern saugt einem auch Kraft ab, macht unaufmerksam, stoppt den Fluss, begrenzt mögliche Resultate und macht Anrufe sehr anstrengend.

Die Antwort: 2 Leitungen, eine für eingehende und eine für ausgehende Gespräche. Da man über die eingehende Leitung kein ausgehendes Gespräch führt – und die Nummer für die ausgehende Leitung niemandem gibt –, zahlt man für diese Leitung nur die Grundgebühr, man nutzt außerdem keine zusätzlichen Dienstleistungen. Und da es die Geschäftsleitung ist, wissen Sie immer, worum es bei den Anrufen geht.

Besorgen Sie sich für die eingehende Leitung einen Anrufbeantworter, oder lassen Sie eine Voice-Mailbox schalten, damit Sie in Ihrer „Anrufphase“ nicht gestört werden – dann verpassen Sie auch keinen wichtigen Anruf.

Planen Sie jeden Tag Zeit ein für solche Anrufphasen, für die harmonische Kontaktaufnahme, für Verabredungen, Follow-up und so weiter. Halten Sie sich daran, und machen Sie es zur festen Gewohnheit. *Es gibt nichts Effektiveres, um Meisterrekrutierer zu werden und ein erfolgreiches Geschäft zu führen, als unablässig und jeden Tag Anrufe zu tätigen.*

In meinen vorigen Büchern habe ich bereits sehr wichtige Punkte in dieser Hinsicht angesprochen, die ich hier dennoch einmal durchgehen möchte. Nähere Details finden Sie in Kapitel 8 von *Erreichen Sie Höchstform in MLM.*

Organisation und Vorbereitung sind der Schlüssel

Meisterrekrutierer organisieren meisterlich und bereiten sich meisterhaft vor. Eigentlich sind sie „Pfadfinder“, denn sie sind allzeit bereit. Sie schaffen in allen Phasen des Aufbaus ihres Geschäfts Systeme und förderliche Strukturen. In unmittelbarer Folge halten sie Kurs, und daneben fördern sie damit ihre Kreativität (siehe Geheimnis Nr. 1). Sie können sich auf *persönliche Beziehungen* konzentrieren, das Herzstück des Network-Marketings.

Hier einige Geheimnisse hinter diesem Geheimnis:

Der Manager im Karteikasten ist ein einfaches und effektives System für die Organisation der Rekrutierung und des Follow-ups. Falls Sie noch kein gutes System fürs Follow-up haben, hier ist ein Gewinner!

Besorgen Sie sich einen Karteikasten, Karteikarten und Trennkarten von 1 bis 31, für jeden Tag im Monat eine.

Jeder potenzielle Geschäftspartner bekommt seine eigene Karte mit allen wichtigen Informationen: Name, Telefonnummer, Erwartungen, welche Produkte oder welches Material er bereits hat, was beim letzten Gespräch Thema war etc. (Wenn Sie viel schreiben, können Sie große Karteikarten nehmen.)

Immer, wenn Sie telefonieren, sollte die Karte des Betreffenden vor Ihnen liegen. Machen Sie Notizen zum Anruf, notieren Sie Zeit und Datum des Rückrufs, und stellen Sie die Karte hinter die entsprechende Trennkarte. Jeden Morgen (oder wann auch immer Sie Ihre Anrufphase planen) nehmen Sie die Karten für den Tag raus. Jetzt sind Sie gut organisiert. Alle Information ist vorhanden – oder wie es in einer erfolgreichen Werbung heißt: „Das System ist die Lösung."

Ich kann gar nicht zählen, wie viele erfolgreiche Meisterrekrutierer sich immer noch auf diesen „Manager im Karteikasten" verlassen, damit sie Kurs halten und erfolgreich bleiben. Technisch versierte Meisterrekrutierer benutzen übrigens PC und Software für diesen Zweck!

Drehbücher für Telefonate sind für Anfänger ebenso wie für durchgewinterte Meisterrekrutierer höchst nützliche Werkzeuge. Ich will anhand eigener Erfahrungen erläutern, wie dieses System funktioniert:

Als ich anfing, Seminare zu leiten, arbeitete ich mit sehr detaillierten Drehbüchern. Ich schrieb meine Rede von A bis Z auf, übte sie Wort für Wort vor dem Spiegel, nahm sie auf Band auf und spielte sie mir im Auto immer und immer wieder vor.

Bei Präsentationen hielt ich mich fast wörtlich an die Drehbücher. Manchmal, wenn ich eine Passage oder einen Punkt vergessen hatte, schaute ich in meine Notizen und las daraus vor, bis ich den Anschluss wieder hatte.

Ich hatte Höllenangst vor öffentlichen Auftritten, das war der Grund. Meine größte Angst war, wortlos dazustehen, und jeder weiß, dass ich meinen Text vergessen habe. Drehbücher waren mein Netz und doppelter Boden.

Als ich mich dann immer wohler und sicherer fühlte, notierte ich nur noch die Schlüsselbegriffe. Wieder ein wenig später listete ich nur noch die Themen auf, und heute bin ich damit so vertraut und kenne meinen Stil so gut, dass ich kaum noch Notizen brauche.

Wenn Sie also besorgt sind, was Sie potenziellen Geschäftspartnern sagen sollen, empfehle ich Ihnen, bei Anrufen auf die gleiche Art vorzugehen.

Arbeiten Sie zusammen mit Ihrem Sponsor an Drehbüchern für die unterschiedlichen Telefonate: wie man sich optimal verabredet, einen guten Draht herstellt, Follow-up betreibt und so weiter. Konzentrieren Sie sich auf die Fragen, die Sie potenziellen Geschäftspartnern stellen werden – bedenken Sie, es ist besser für Sie, weniger zu reden und Ihrem Gesprächspartner gut zuzuhören.

Nachdem Sie das im Griff haben, reduzieren Sie die Drehbücher auf Stichworte und Schlüsselfragen. Ich kenne viele Meisterrekrutierer, die auch noch nach Jahren bei jedem Anruf eine Liste mit Fragen vor sich haben.

Polieren Sie Ihren Arbeitsplatz, den Ort, an dem Sie telefonieren, mit positiven Affirmationen auf: motivierende Bilder und Zitate, die Sie dauernd an Ihre Ziele erinnern und an die Fähigkeiten, die Sie gern hätten. Hängen Sie sie überall hin, damit Sie sie beim Telefonieren sehen. Ein Zettel mit „Lächle!“ und Schlüsselfragen für potenzielle oder bereits existierende Geschäftpartner sind auch sehr hilfreich.

Auf dem Schreibtisch eines mir bekannten Meisterrekrutierers steht, sodass er es immer sieht: „Wofür engagierst du dich gerade jetzt?“ Das hilft ihm, sich auf die Menschen zu konzentrieren, mit denen er gerade redet und erinnert ihn daran, dass es nicht um ihn, sondern um seinen *Gesprächspartner* geht.

Ein Spiegel, der beim Anrufen vor einem steht, kann auch ein effektives Werkzeug sein. Nicht nur, weil Sie Ihren Begeisterungspegel darin sehen können, sondern weil es dem Gespräch eine ganz neue Dimension hinzufügt, sich selbst zu sehen, „wie andere einen sehen“.

Es ist außerordentlich förderlich und effektiv, **Anrufe zeitlich zu begrenzen**. Ich kenne viele Meisterrekrutierer, die eine Sanduhr umdrehen, sowie sie „Hallo!“ gesagt haben. Sie wissen nämlich, dass sie höchstwahrscheinlich kein Glück bei Leuten haben, mit denen sie innerhalb von drei Minuten keine Verabredung treffen können – zumindest nicht heute. Wenn die drei Minuten um sind, beenden sie das Gespräch.

Für Anfänger sind drei Minuten vielleicht ein bisschen zu knapp, aber 10 Minuten reichen auf jeden Fall. Sich eine Zeit zu setzen und sich auch daran zu halten, steigert die Produktivität am Telefon dramatisch.

Tun Sie das, was optimal funktioniert. Es gibt immer Situationen, in denen potenziellen Geschäftspartnern mit einem 20-minütigen Gespräch wirklich geholfen ist. Begrenzen Sie sich also zeitlich, und halten Sie sich daran, aber bleiben Sie offen für die Bedürfnisse und Wünsche Ihres Gesprächspartners. Grenzen sind schließlich nur dazu da, Ihre Leistungsfähigkeit maximal zu steigern.

Achten Sie darauf, dass Sie mit den Möbeln und der Ausstattung Ihres Arbeitsplatzes zufrieden sind. Sie werden viel Zeit an diesem Ort verbringen, also sorgen Sie dafür, dass es Ihnen dort wirklich gefällt und Sie sich unterstützt fühlen.

Ein Tapetentisch und Faltstuhl sind wohl kaum das Richtige. Suchen Sie sich einen Stuhl, den Sie schön finden und ein ebensolches Telefon. Es sollte das Beste aus Ihnen herauskitzeln.

Nein, ich rate hier niemandem, sich einen handgefertigten Schreibtisch aus Mahagoni zu kaufen und einen Massagestuhl für 3000 €. Vielmehr sollten Sie sich das Beste leisten, was Sie sich leisten können. *Dies ist Ihr Arbeitsplatz: Stellen Sie sich mal vor, wie produktiv Sie wären, wenn Sie wirklich gerne dort sind*!

Ihr Telefon muss Ihnen besonders gut gefallen – nicht nur die Funktionen, sondern auch das Aussehen. Man kann heutzutage eins für jeden Geschmack kaufen mit einer Menge Sonderfunktionen. Micky-Maus-Telefone, schnurlose Geräte, Headsets, Freisprechanlagen, Schnellwahlgeräte und sogar Bildtelefone! Wichtig ist nur, dass es Ihnen gefällt und Sie es sich leisten können. Sich ein gutes Arbeitsumfeld zu schaffen, ist kein Kostenfaktor, sondern eine Investition in Ihren Erfolg!

Schaffen Sie sich also einen Arbeitsplatz, der Ihnen gefällt und an dem Sie sich wohl fühlen. Ihr Erfolg hängt davon ab.

Wenn Sie diese Prinzipien anwenden, verwandeln Sie jedes zentnerschwere Gerät in ein leichtes Hilfsmittel, das Sie vertrauensvoll und kompetent einsetzen. Es heißt, Vertrauen baut auf Kompetenz. Nun, die einzige Art und Weise, aus einem zentnerschweren Gerät einen Freund zu machen, ist, es so lange vertrauensvoll und kompetent einzusetzen, bis es leicht wie eine Feder geworden ist.

Jeder Meisterrekrutierer hat das Telefonieren gemeistert, und es gehört häufig auch zu seinen besten Freunden!

Ich hoffe nicht, dass Ihr Stift zentnerschwer ist, denn Sie brauchen ihn für die folgenden Handlungsschritte, die Sie jetzt durchführen sollten!

Meine Handlungsschritte

um Geheimnis Nr. 11 zu meistern

Meisterrekrutierer haben zentnerschwere Freunde

1) Hier eine Liste dessen, was ich tun kann, damit mein Telefon zu einem meiner besten Freunde wird.

Fähigkeiten, die ich entwickeln und meistern will:

____

____

____

____

____

____

____

____

____

____

____

____

____

Was ich brauche (und/oder tun muss), um mir das ideale Arbeitsumfeld zu schaffen:

Förderliche Strukturen, die ich kreieren will, damit sie mir helfen, das Telefonieren zu *meistern*.

Geheimnis Nr. 12

Meisterrekrutierer leben in der Zukunft – schon heute!

Mögen Sie Science-Fiction – Star Trek, Filme und Bücher über die Zukunft? Ich schon. Ich steh drauf. Nicht nur, weil es ablenkt und Spaß macht, sondern weil vieles davon wahr wird!

Erinnern Sie sich noch an den ersten Science-Fiction-Film im Kino oder Fernsehen, in dem Computer mit Menschen redeten? Nun denn, heute können Sie solche Geräte kaufen!

Die Technologie ändert unser Leben heute derart rasant, dass, was sich einst im Lauf von 50 Jahren änderte, sich heute in nur 5 Jahren wandelt. Wirklich! Wussten Sie, dass es über 80 Prozent der Dinge, die wir heute benutzen, noch gar nicht gab, als die meisten von uns geboren wurden?

Bedenken Sie nur: Ende des 2. Weltkriegs gab es weder Video noch Fernseher, und Ferngespräche wurden von Hand vermittelt. Es gab keinen Anrufbeantworter, keine elektrische Schreibmaschine, keinen Fotokopierer, keinen Föhn, keine Zahnseide, keinen Klettverschluss, keinen Schnellimbiss und keine Franchises. Es gab keine Kreditkarten, Digitaluhren, Frisbees, Einkaufszentren, Vororte, keinen kommerziellen

Düsenflug, keine automatischen Waschmaschinen, kein Aspirin, kein Röntgengerät, kein Fax, keine Computer, kein Internet, keine E-Mail, keine Fonds. Disney World existierte noch nicht und auch keine Kugelschreiber, Papierhandtücher, Taschenrechner, kein Kleenex, Penizillin, keine Wegwerfwindeln, Kindertagesstätten, Flaschendrehverschlüsse, Kontaktlinsen, und die Liste geht so endlos weiter.

Erstaunlich, oder?

Wie wäre es, zu den Pionieren zu gehören, die künftige Technologien in unseren Alltag bringen – zurück aus der Zukunft?! Wäre das nicht aufregend und gewinnträchtig?

Sie sind bereits ein Pionier!

Weshalb? Weil Sie der fortgeschrittensten Branche der Welt angehören, dem Network-Marketing. Klingt ein wenig zu prahlerisch? Hört sich nach Wunschdenken an? Überhaupt nicht! Hier der Beweis:

Kennen Sie irgendeine andere Branche, die das Video-Marketing so intensiv einsetzt wie unsere – sowohl für die Rekrutierung als auch für Produkte?

Network-Marketing-Firmen und ihre unabhängigen Geschäftspartner benutzen mehr Videos für die Promotion als jede andere Branche *weltweit.*

Ich kenne eine Network-Marketing-Firma mit einem Jahresumsatz von $70 Millionen, wovon *$20 Millionen nur aus Videokassetten* stammen!

Ein anderes Unternehmen mit 50.000 Geschäftspartnern und einem Jahresumsatz von $100 Millionen verzeichnete ein ausgezeichnetes Wachstum. Dann produzierte es zwei starke Videos und setzte den Preis so niedrig an, dass nahezu jeder Geschäftspartner sich 20 bis 30 für den Video-Einsatz (Geheimnis Nr. 8) kaufen konnte. In weniger als 2 Jahren hatte das Unternehmen sein Ziel von 200.000 Geschäftspartnern und einen Jahresumsatz von $500 Millionen fast erreicht.

Zufall? Ich glaube kaum.

Wussten Sie, dass Network-Marketing seine Existenz der Computertechnologie zu verdanken hat?

Ohne Computer gäbe es keine Network-Marketing-Branche, wie wir sie heute kennen.

Stellen Sie sich mal vor, Sie müssten bei einem eher bescheidenen Netz von 10.000 Geschäftspartnern aktuell reagieren: Provisionsschecks kommagenau ausstellen und diese rechtzeitig versenden, Bestellungen bearbeiten, das Inventar auflisten... und das alles ohne Computer. Unmöglich! Und wie wäre es bei 100.000 Geschäftspartnern oder *zwei Millionen*, die auf der ganzen Welt verstreut sind!

Seit Mitte der 70er Jahre sorgt die Entwicklung der Computertechnologie dafür, dass unsere Branche mit Riesenschritten wachsen kann.

Kennen Sie irgendeine andere Branche, die Konferenzschaltungen und Telekonferenzen derart innovativ einsetzt?

Welches andere Geschäft bringt mittels Konferenzschaltung über 1000 Menschen, die Erfolgsgeschichten austauschen, zusammen? Network-Marketing war weltweit wahrscheinlich die erste Branche, die das fertig brachte! Woche für Woche nehmen zehntausende Menschen auf der ganzen Welt mittels

Telekonferenz an Chancen-Meetings und Geschäftspartnertra inings teil, ohne das Haus zu verlassen.

Wer sonst kann mit Konferenzschaltungen am Monatsende eine Verkaufsoffensive durchführen und *in nur drei Tagen* einen Umsatz von $40 Millionen einfahren? Das wurde übrigens nicht von einer Firma organisiert, sondern von einem selbstständigen Geschäftspartner und seinen Spitzenkräften!

Auch der beschäftigtste Meisterrekrutierer mit übervollem Terminplan kann hunderte Menschen mit einem einzigen Anruf erreichen – apropos Maximierung! Potenzielle Geschäftspartner können sich begeisterte Testimonials von den unterschiedlichsten Menschen aus der ganzen Welt anhören. Telekonferenzen sind wie ein Hotelsaal voller Leute – und das nur über Telefon! Unglaublich!

Viele Network-Marketing-Firmen und Meisterrekrutierer sind Meister der Telekonferenzen. Sie benutzen diese Technologie zur Rekrutierung, fürs Training, Brainstorming und die Strategieplanung.

Und wie wird Voice-Mail verwendet?

Network-Marketer verschicken neue Produktinformationen, Tagesordnungen von Meetings, Events und Promotion, Motivationskassetten, Trainingstipps, tägliche Aufträge an riesige Gruppen Geschäftspartner – mit einem einzigen Knopfdruck.

Diese menügesteuerte Telefontechnologie erlaubt Anrufern: auf die 1 zu drücken und alles über neue Produkte zu erfahren; auf die 2 zu drücken und erfolgreiche Geschäftspartner ihre Geschichten erzählen zu hören; auf die 3 zu drücken und zu erfahren, wann das nächste Meeting in ihrer Region stattfindet;

auf die 4 zu drücken und Informationen über den Newsletter zu bekommen; auf die 5 zu drücken und Rekrutierungs- und Trainingsinstrumente vom Hauptquartier zu erhalten; auf die 6 zu drücken und Bestellinformationen zu erhalten oder auf die 0 zu drücken und eine Person ans Telefon zu bekommen.

Das ist wirklich erstaunlich!

Was sonst noch?

Fax-Abfrage und Fax-Weiterleitung. Ruft man eine zentrale Nummer an, erhält man sofort Promotion-Material oder kann es an andere weiterleiten, und zwar weltweit von jedem Faxgerät aus! Alles, von der Produktinformation über ein Aufnahmeformular oder eine neue Promotion bis hin zu einem kompletten Rekrutierungspaket, man braucht nur ein oder zwei Knöpfe zu drücken!

Handys. Ich wette, dass Network-Marketer in ihrem Auto oder in der Aktentasche mehr Handys haben als alle Hollywoodstars und ihre Rechtsanwälte zusammen!

Network-Marketer waren Pioniere der effektivsten und effizientesten Nutzung von Drei-Wege-Gesprächen für die Rekrutierung und fürs Sponsoring.

Satelliten-TV. Nein, kein Witz! Ob Sie es glauben oder nicht, es gibt eine ganze Reihe Unternehmen und Geschäftspartnergruppen, die ihre Chancen-Meetings und Trainings über Sattelit ausstrahlen.

Woher ich das weiß?

Weil ich gerade jetzt, wo ich dies hier schreibe, von Dallas nach Hause fliege, wo wir ein Training per Sattelit gedreht haben - für einen der weltweit am schnellsten wachsenden Network-Marketer.

Jeffs Unternehmen strahlt jede Woche ein Meeting per Sattelit aus. Daher beschloss er, mit seinen eigenen wöchentlichen Trainings- und Chancen-Shows weiterzukommen. Über 3000 seiner Leute besitzen bereits Sattelitenschüsseln, und es kommen Tag für Tag über 80 hinzu.

Er sendet seine Shows nach Rugby-Übertragungen, Spezialsendungen oder an Wochenenden aus, wenn man sich mit seinen Freunden trifft. Die Menschen aus seinem Netz laden Freunde, Bekannte und potenzielle Geschäftspartner zum Barbecue und zur Sportübertragung ein und...: „Ach übrigens, wollt ihr euch mal ansehen, was unsere Firma dieser Tage macht?“ Das ist wirksam: Technologie und Network-Marketer sind Spitze!

Folgendes gilt für fast jede neue Technologie: Anfangs können es sich nur Menschen mit einem dicken Geldbeutel leisten. Aber früher oder später sinken die Kosten, und wenn es obendrein seinen Wert bewiesen hat – springt jeder auf den Zug auf.

Erinnern Sie sich noch daran, wie das bei Videorekordern war oder bei Digitaluhren, bei Taschenrechnern und jetzt bei Computern? Immer leistungsstärkere Geräte zu immer billigeren Preisen – und schon bald werden wir den größten Wandel in unserem Leben erleben, *den größten Wandel aller Zeiten*!

Network-Marketing betritt das Computer-Zeitalter

Wir stehen vor einer Revolution, die die Kaufgewohnheiten auf der ganzen Welt ändern wird.

Je kostbarer unsere Zeit ist, desto größer unser Bedürfnis an Annehmlichkeiten. One-Stop-Shopping, Home-Shopping, Lieferung frei Haus und fortschrittliche, Computergestützte Technologien werden die Kaufgewohnheiten weltweit drastisch beeinflussen. Amerika – das größte Konsumentenparadies der ganzen Welt – wird diesen Wandel als Erstes erleben. Ein Wandel, der bereits begonnen hat.

Die zwei größten, am schnellsten wachsenden Marktsegmente in den USA sind Versandhauskataloge und Home-Shopping übers Kabelfernsehen. (Bei meinem Besuch kürzlich in England sah ich dort die Einführung des ersten Home-Shopping-Kanals.) Aufregende Dinge beginnen, unsere Zukunft zu gestalten.

Was die Zukunftsforscherin Faith Popcorn – die in den letzten 20 Jahren eine fast mysteriöse Fähigkeit bewiesen hat, Zukunftstrends korrekt vorherzusagen – in ihrem neusten Buch *The Popcorn Report* meint? Hier ein kleiner Auszug:

> Der Kokon der eigenen Wohnung wird zum Einkaufszentrum. Alle Familienmitglieder können an ein und demselben Ort einkaufen. Statt dass wir in den Laden gehen müssen, kommt dieser nun zu uns, egal wie ungewöhnlich das Produkt sein mag und wie häufig wir es brauchen. Unser Bildschirm (Fernsehen oder Computer) zeigt uns die neusten Produkte und Mode oder bestellt uns unsere Lieblingsartikel.

Das normale Einkaufserlebnis ist inzwischen genauso schwerfällig, ineffizient und ein alter Hut, wie Großunternehmen es sind. Die großen Warenhäuser kommen dahinter, dass es nicht mehr möglich ist, für alle Menschen alles zu sein. Das Einkaufszentrum ist der Dinosaurier der Weltentwicklung.

Heute sind Kataloge und Broschüren (die irgendwo im Haus herumfliegen und darauf warten, durchgeblättert und weggeschmissen zu werden) veraltet – Papierverschwendung und die Versandkosten zu hoch und ineffizient.

Die nächste Revolution im Konsumbereich wird im Vertrieb stattfinden. Direkt vom Hersteller zum Endkunden, das ist der neue Weg – kein Einzelhandel, Großhandel oder andere Mittelsmänner mehr.

Die Lieferung frei Haus wird keine gesonderte Dienstleistung mehr darstellen. Sie wird zum Standard. Ein Lkw, der hunderte Kunden anfährt, ist ein weitaus effizienterer Gebrauch unserer Ressourcen als hunderte Kunden, die zum Geschäft fahren. Es wird zum Beispiel Tanks für Milch, Mineralwasser etc. in den Häusern geben (alle gekühlt) und Behälter für Waschmittel und Hundefutter, die alle angeliefert werden wie heute das Heizöl.[1]

[1] Faith Popcorn, The Popcorn Report (Bantam Doubleday Dell Publishing Group, Inc. 1991), S. 164-165.

Frau Popcorn beschreibt außerdem das Einkaufserlebnis der Zukunft. Mit Ausnahme von Geschäften für Spezialitäten und riesige „Handelszentren, in denen das Einkaufen zum Theater wird" (eine Mischung aus den heutigen Einkaufszentren und Vergnügungsparks) beschreibt sie drei Weiterentwicklungen heutiger Konsumtechnologien: „Werbe-News" – Werbung auf dem Computerbildschirm, die unsere Interessen berücksichtigt; „Bildschirm-Mail". mit der wir einkaufen, unsere Rechnungen zahlen und Informationen verschicken und empfangen; und „Info-Kauf", bei dem der TV- oder Computer-Bildschirm alle Informationen bündelt und uns bei Kaufentscheidungen teurer Konsumgüter – Videoanlagen beispielsweise oder Autos – unterstützt.

Das alles mit dem Computer, bequem von der eigenen Couch aus. Genau, was die Network-Marketer der Zukunft bestellt haben.

Zu „abgedreht", finden Sie?

Dann schauen Sie sich doch einfach mal den Erfolg der Home-Shopping-Fernsehkanäle an. Und, meine Lieben, das ist bloß die erste Runde.

Es heißt, die Analphabeten von morgen seien diejenigen, die nicht mit dem Computer umgehen können.

Glauben Sie mir, ich bin nicht Johnny Megahertz, der Mann für Bits und Bytes. Ich schreibe meine Bücher immer noch mit der Hand! Was ich über Computer weiß, passt auf eine Briefmarke, und dann ist immer noch Platz für zwei Stempel und einen Laser-Drucker!

Aber ich weiß mit Sicherheit, dass Computer die Zukunft sind. Experten sagen voraus, dass die industrialisierten Länder im Jahr 2000 durch ein Netz von PCs verbunden sein werden[2]. Und wenn die Zukunft auch dem Network-Marketing gehört – und dessen bin ich mir ganz sicher –, sollten sich PCs und Network-Marketing ernsthaft den Hof machen, denn beide gehören einfach zusammen!

Die Geschichte wiederholt sich

Vor 30 Jahren tauchte eine neue Art auf, Geschäfte zu machen: *Franchising*. Ein Konzept, das den Menschen damals genauso eigenartig vorkam wie den unsrigen eine Welt, in der alle Computer vernetzt sind.

Damals hieß es, Franchising sei Betrug und ein Pyramidensystem. (Kommt Ihnen das bekannt vor?) Seinerzeit fehlten im amerikanischen Kongress nur 11 Stimmen, und man hätte das Franchising verboten! Ehrlich! Es gäbe kein McDonalds, kein Burger King, kein Century 21, ServiceMaster... nichts von alledem!

Und heute wird in dieser Branche in den USA ein Jahresumsatz von 765 Milliarden Dollar – Sie lesen richtig: Milliarden – erzielt, was etwa ein Drittel aller Produkte und Dienstleistungen in den Vereinigten Staaten ausmacht.

Menschen wehren sich gegen Veränderungen, und ein Computer in jeder Wohnung erscheint den meisten als Riesenwandel. Aber in Wahrheit sind Computer die Welle der Zukunft.

[2] Das Internet hat diese Prophezeiung bereits mehr als erfüllt (der Übersetzer).

Ich sehe den Tag kommen, an dem alle Network-Marketing-Unternehmen per PC mit ihren wichtigen Geschäftspartnern verbunden sind. Diese erhalten ihre Produktinformationen und Genealogien, Partnerverträge, Bestellungen und sogar ihre Provisionschecks auf elektronischem Weg.

Hier Beispiele für angewandte Computertechnologie:

Die Worte, die Sie gerade lesen, sausten noch vor kurzem als Päckchen digitalisierter An-/Aus-Impulse durch die Leitungen. Richtig: übers Telefon diktiert, in den Computer eingegeben, per Modem hin- und hergeschickt – zigtausend Kilometer in einem Augenaufschlag. Dann wurde es mit Hilfe eines Software-Programms, wieder am Computer, gestaltet und schließlich – Plopp! – da ist das Buch!

CD-ROMs sind bereits weit verbreitet, und die Preise fallen schnell. Heute passt eine ganze Enzyklopädie auf eine Computer-CD. Wie wäre es, von den fünf weltweit besten Experten *alles* zu erfahren, was man zu irgendeinem Thema wissen möchte? Und das in einem Tempo, das Sie selbst bestimmen. Bilder, Worte und Töne, die all Ihre Fragen beantworten – wann Sie wollen. Das geht heute schon – mit dem Computer.

Und bedenken Sie, ich weiß fast nichts von Computern, und trotzdem stecke ich hier mitten in der Zukunft!

Die Meisterrekrutierer von morgen haben den Stecker drin, sind angetörnt und über Computernetze miteinander verbunden. Es gibt kein engeres Netz als das zwischen Computern, und niemand weiß sie so gut zu nutzen wie Network-Marketer. Wir sind füreinander geschaffen!

Bei so viel technologischen Möglichkeiten ist es wichtiger denn je, all seine Optionen zu erforschen und zu planen. Diese Handlungsschritte bringen Sie auf den Weg in die Zukunft – schon heute!

Meine Handlungsschritte
um Geheimnis Nr. 12
zu meistern

Meisterrekrutierer leben in der Zukunft – schon heute!

1) Welche Technologien werde ich näher erforschen, und was werde ich über deren Nutzung lernen? Neue produktive Wege, mein zukünftiges Geschäft aufzubauen – schon heute.

____

____

____

____

____

____

____

____

____

Geheimnis Nr. 13

Meisterrekrutierer wissen ihre Ziele zu treffen

Wie ich bereits ausgeführt habe, werden Network-Marketer fürs Werben bezahlt: Wenn wir nicht werben, verdienen wir nichts! Es gibt vielerlei Werbemöglichkeiten – die einen kosten mehr Zeit als Geld, und die anderen mehr Geld als Zeit. In diesem Geheimnis geht es darum, wie man beim Werben das meiste aus seinem Geld *und* seiner Zeit macht!

Mein Freund Robert Butwin, der zweimal hintereinander MLMIA-Geschäftspartner des Jahres war, verlor in seinem ersten Geschäftsjahr fast $100.000 – und das meiste davon, das gibt er gern zu, für unwirksame Werbung. Robert nennt das die teuerste Lektion seines Lebens. Ganz offensichtlich hat er seine Lektion gelernt.

Ich möchte nicht, dass Sie einen so hohen Preis bezahlen. Das ist auch nicht notwendig, wenn Sie ein paar Dinge lernen.

Werbung: ein Spiel für Spezialisten

Erinnern Sie sich an den griechischen Mythos des Prometheus? Er stahl den Göttern des Olymp das Feuer und schenkte es den Menschen. Als Strafe dafür kettete ihn Zeus an einen Felsen, wo ein Adler seine Leber fraß. Nun, solange Sie nicht genau wissen, wo, wann und wie Sie mit Ihren Werbeausgaben den „großen Jungs" oder „Göttern" Konkurrenz machen können, sollten Sie es einfach lassen! Sonst enden Sie womöglich wie Prometheus!

Damit will ich nicht sagen, dass Sie überhaupt keine Werbung machen sollten, sondern: Teure Werbung ist ein Spiel für Spezialisten, und man muss Spezialist sein, um es gut zu spielen.

Der Fehler der meisten neuen Geschäftspartner liegt darin, das Thema anzugehen, als seien sie bereits „Götter". Aber sie haben weder die entsprechende Erfahrung noch die finanziellen Ressourcen. Die meisten Meisterrekrutierer empfehlen ihren neuen Geschäftspartnern daher „Guerilla-Werbung" oder „Graswurzelwerbung". Das bringt Erfahrung, und man lernt die wertvollen Regeln dieses Spiels.

Klein kann wirklich fein sein

Wenn sich die meisten neuen Geschäftspartner überlegen, wo sie ihr Network-Marketing-Geschäft bewerben wollen, fällt ihnen nur Altbekanntes ein. Sie haben riesige halb- oder ganzseitige Anzeigen in Branchen- oder anderen Veröffentlichungen gesehen und meinen, sie müssten sich dem Wettbewerb auf dieser Ebene stellen.

Hier die erste Regel dieses Spezialistenspiels: *Machen Sie Werbenden, die viel größer sind als Sie selbst, keine Konkurrenz. Außer, Sie können es sich leisten.*

Was diese Regel soll? Sie weist darauf hin, dass es um *Häufigkeit* und *Dominanz* geht.

Die meisten Anzeigen bewirken wenig, bis man sie häufig genug gesehen hat und sie einen zum Handeln bewegen – einige Analysten meinen, dass unter 15-mal gar nichts geht. Wenn sie gesehen werden soll, muss Ihre Anzeige nicht nur *häufig* genug erscheinen, sondern auch die Veröffentlichung *dominieren* – zumindest die Seite, auf der sie erscheint.

Die „klein ist fein"-Strategie ist für neue Geschäftspartner, die gerade mit dem Werbespiel anfangen, ideal. Der Gedanke dahinter ist, seine potenziellen Geschäftspartner dort zu treffen, wo die „großen Jungs" es nicht tun.

Werbung im Bekanntenkreis

Auf Ihrem warmen Markt – in Ihrem Einflussbereich – gibt es meist keine großen Firmen, mit denen Sie in Konkurrenz treten müssen. Hier haben Sie den Heimvorteil. Bewerben Sie also die Menschen, die Sie kennen... mit Handzetteln, Newslettern, Postkarten, dem Drei-Schritte-Mailing und Ähnlichem mehr.

„Aber das ist keine *richtige* Werbung!", sagen Sie jetzt.

Werbung ist jedoch immer dann optimal, wenn man den richtigen Menschen das Richtige sagt. Ein Button, auf dem steht: „Jetzt abnehmen. Fragen Sie mich, wie!", sagt zum Beispiel Menschen, die schlanker werden wollen, genau das Richtige.

Wie wäre es mit einem Handzettel an alle Frauen in Ihrem Bekanntenkreis mit folgender Titelzeile: „Endlich ein Produkt, das Lachfalten zu einem Preis beseitigt, der Ihnen ein Lächeln aufs Gesicht zaubert"?

Oder wie wäre ein kleines Poster mit dieser Zeile über dem Trinkwasser in Ihrem Fitnessklub: „Hervorragendes Wasser für nur 1 Cent pro Liter"?

Das sind Beispiele für Werbung im warmen Markt, die von hunderten Network-Marketern erfolgreich angewandt worden ist. Es kostet Sie relativ wenig Zeit und Geld für Druck und Versand, und sie kann hervorragende Ergebnisse bringen. Außerdem machen Sie ausgezeichnete Marketing-Erfahrungen – Sie entdecken, was funktioniert und was nicht und das bei einem relativ geringen finanziellen Risiko.

Werben, wo andere es nicht tun

Denken Sie mal einen Moment lang darüber nach, wo Sie schon überall Werbung für Network-Marketing-Produkte und –Angebote gesehen haben; und jetzt, *wo nicht*.

Anzeigen in kleineren Zeitungen – dort schalten die „großen Jungs" nur selten Anzeigen.

Ich empfehle besonders Kleinanzeigen in Lokalzeitungen unter der Rubrik „Verschiedenes". Wussten Sie, dass diese Anzeigen 5-mal häufiger gelesen werden als alle anderen Kleinanzeigen?

Hier eine Anzeige, die dort mit großem Erfolg gelaufen ist:

Telefonnummer verloren!
Kann die Familie, die ein gutes Nebeneinkommen erzielen wollte, John bitte nochmals anrufen: 555-1234?

Diese billige Anzeige brachte 5 bis 10 Anrufe pro Woche. Das sind nicht viel, sagen Sie? Aber denken Sie mal darüber nach, wer angerufen hat. Waren das Menschen, bei denen man viel Zeit darauf verwenden muss herauszufinden, ob sie ein Nebeneinkommen verdienen wollen? Und riefen diese potenziellen Geschäftspartner bei all den anderen möglichen Geschäftsgelegenheiten an – Ihre Konkurrenten? Ziemlich unwahrscheinlich!

Wäre es nicht großartig, wenn *Sie* jede Woche von 5 bis 10 interessierten, geeigneten Kandidaten angerufen würden, die etwas über Ihr Angebot hören wollen? Wie wäre es, von mindestens 250 Menschen im Jahr angerufen zu werden, die mehr darüber wissen wollen, was Sie zu bieten haben?

Hier eine andere Anzeige, die ein mir bekannter Meisterrekrutierer unter Verschiedenes geschaltet hatte, und das mit viel Erfolg. Es hat Spaß gemacht und kostete nicht viel.

> **Wer ist Mary?**
> Sie ist Expertin dafür, wie man bequem ein zusätzliches Einkommen erzielen kann. Rufen Sie sie einfach an:...

Das brachte zwar keinen Massenandrang, es riefen aber ausreichend geeignete, interessierte Menschen an, um Mary zu beschäftigen. Mehrere davon wurden Geschäftspartner und hatten genügend Erfolg, sodass die Kosten für die Anzeige zu 2000 % wieder eingespielt wurde.

Zielgerecht

Erinnern Sie sich noch, dass ich meinte, man solle den richtigen Menschen das Richtige sagen?

Das eigentliche Geheimnis effektiver Werbung ist die Auswahl der Zielgruppe. Wer soll auf Ihre Anzeigen reagieren? Alle und jeder? Haben Sie wirklich genügend

Zeit, um alle Menschen durchzusortieren? Oder sollte Ihre Anzeige einen Großteil der Auswahl für Sie erledigen?

Einer der häufigsten Fehler bei Anzeigen ist es, auf maximalen Respons zu hoffen und dabei zu vergessen, dass die *Qualität* der Rückmeldungen mindestens genauso wichtig ist. Die oben zitierten Anzeigen lassen das Telefon vielleicht nicht von hunderten Kontaktaufnahmen glühen, aber die Menschen, die tatsächlich anrufen, sind bereits bis zu einem gewissen Grad geeignet – und das noch bevor Sie ein Wort mit ihnen gesprochen haben. Sie werden außerdem entdecken, dass ein sehr viel größerer Prozentsatz dieser Menschen sich Ihrem Geschäft anschließt und dort gedeiht, als wenn sie auf eine generelle Anzeige mit Ihrem Angebot reagiert hätten.

Machen Sie also eine Liste der unterschiedlichen Gruppen, denen die Menschen in Ihrem Bekanntenkreis angehören. Unterteilen Sie sie in die kleinstmöglichen Kategorien, die Ihnen einfallen: Rentner, Lehrer, Manager, Golfspieler, Mütter mit Babysittern usw. Experimentieren Sie anschließend mit unterschiedlichen Schlagzeilen und Angeboten für die verschiedenen Gruppen. Denken Sie außerdem über die besten Orte oder Veröffentlichungsmöglic hkeiten für Ihre Anzeigen nach. Sie *zielen* mit Ihrer Anzeige auf die verschiedenen Gruppen – es sind Ihre Zielgruppen.

Interesse an einem Einkommen zur Rente? Jetzt haben Sie genügend Zeit – aber haben Sie auch genügend Geld, sie in vollen Zügen zu genießen?

Achtung Golfspieler: Wollen Sie an jedem Spiel verdienen? Lassen Sie sich fürs Golfspielen bezahlen – und setzen Sie Ihre Golfschläger obendrein steuerlich ab.

Für beschäftigte Manager
Hätten Sie gern einen Aktivposten, der Ihnen genauso viel Geld bringt wie lukrative Aktien im Wert von etwa € 150.000? Mit geringem Risiko und vielen Steuervorteilen?

Ich kann mich nicht für den Erfolg der obigen Anzeigen verbürgen. Ich will Sie damit vielmehr dazu bringen, darüber nachzudenken, wie Sie die verschiedenen Zielgruppen auf Ihre Produkte, Dienstleistungen und Angebote aufmerksam machen können.

Ich will Sie darauf hinweisen, dass man sich mit seinen Anzeigen auf kleine Gruppen richten sollte. Es gibt wenig Konkurrenz, und die Chance, interessierte und begeisterte Menschen zu erreichen, ist viel größer, als wenn man breit streut. Und billiger ist es auch.

Der Schlüssel ist, anders zu sein als andere.

Mir ist gerade etwas eingefallen

Ich sitze hier im Schatten eines majestätischen alten Baumes und überblicke die Bucht des malerischen Sydney in Australien. Dies ist meine erste Reise in diesen wundervollen Teil der Erde.

Ich habe auf meiner dreiwöchigen Seminar-Tour durch Australien und Neuseeland einen Tag frei, also habe ich mir dieses friedliche Plätzchen ausgesucht, um mich zu entspannen und an meinem Buch zu arbeiten. Mir ist gerade ein Gedanke gekommen, dem ich ein wenig Raum geben will.

Ich habe mir soeben einige Network-Marketing-Verleger vorgestellt – die für ihre Veröffentlichungen auf das Werbegeld von Network-Marketern angewiesen sind –, und die über das, was ich hier oben geschildert habe, ein wenig aufgebracht sind.

Ich möchte die Branchengrößen nicht vor den Kopf stoßen. Sie bieten allen Network-Marketern eine fantastische Dienstleistung. Ich habe hier lediglich das Ziel, ein paar Alternativen anzubieten.

Hat man viele Werbemöglichkeiten, steigert damit auch die Chance auf Erfolg – besonders dann, wenn man sie ausprobieren kann, ohne dabei einen Großteil seines Anfangskapitals aufs Spiel zu setzen. Wer klein anfängt, macht nach und nach Erfahrungen und kann sein Werbebudget stetig steigern! Wenn die Werbung auf der Graswurzel-Ebene funktioniert, ist man auf dem besten Weg, das „Spezialistenspiel" gut zu spielen - und zu gewinnen.

Es ist, als würde man so lange in der Regionalliga spielen, bis die eigenen Fähigkeiten und das Selbstvertrauen genügend weit entwickelt sind, um in der Oberliga mitspielen zu können.

Viele ausgezeichnete Sportler mit hohem Potenzial wurden unter Druck gesetzt, um mit den „großen Jungs" zu spielen, bevor sie wirklich so weit waren. Wenn sie keinen schnellen Start hinlegten – ein Tor schossen oder die Massen sonst wie erfreuten – haben wir nie wieder etwas von ihnen gehört.

Nun, viele ausgezeichnete neue Geschäftspartner mit großem Potenzial haben versucht, mit den „großen Jungs" der Werbung zu spielen, bevor sie so weit waren. Das Resultat war fast immer gleich: Man hat nie wieder etwas von ihnen gehört.

Meisterrekrutierer sind hervorragende Manager und sehen

das Potenzial junger Rekruten, ein Potenzial, das Coaching und Förderung bedarf.

Bringt man ihnen die Grundlagen der Werbung bei und gibt ihnen ein „Entwicklungsfeld", auf dem sie ihre Fähigkeiten und ihr Selbstvertrauen auf Graswurzel-Ebene entwickeln können, dann sorgt man auch dafür, dass sich ein größerer Prozentsatz der Menschen im eigenen Netz auf das Spiel in der Oberliga vorbereitet.

Wenn Network-Marketing-Verleger einen Zuwachs erfahrener Werbekunden verzeichnen, die den Wert lang laufender Anzeigen erkennen (statt die unregelmäßigen und unerfahrenen: „Ich will's ein paarmal versuchen"), werden Sie wohl nicht darauf herabblicken, was ich Ihnen hier beibringe. Hoffentlich!

Jeder hätte gerne Massenandrang (von potenziellen Geschäftspartnern)

Viele Firmen sehen es nicht gern, wenn ihre Produkte auf Flohmärkten oder bei Tauschbörsen gehandelt werden. Es hängt ein Stigma von „Armut" über diesen Veranstaltungen, und die Firmen mögen dieses Image überhaupt nicht. Das gilt natürlich nicht für Messen.

Manche Messen sind teure Angelegenheiten. Man kann sich die Kosten natürlich mit anderen Geschäftspartnern teilen, wodurch auch Branchenanfänger an größeren Messen teilnehmen können. Aber es gibt auch kleinere Messen unter anderem von Niederlassungen landesweiter Organisationen. Diese sind meist viel kostengünstiger.

Messen sind ein ausgezeichneter Ort, um viele neue Menschen kennen zu lernen. Man nimmt eine große Gruppe potenzieller Geschäftspartner an einem Ort und zur gleichen Zeit ins Visier.

Dabei sollten Sie bei der Zielgruppenorientierung genauso vorgehen wie bei Anzeigen. Seien Sie anders als die „großen Jungs“, und machen Sie ihnen keine Konkurrenz. Gehen Sie mit Ihrer Kosmetik nicht auf eine Gesundheitsmesse in einen Stand neben Revlon, der 250.000 € gekostet hat und an dem 15 Models von Vogue rumlaufen.

Spielen Sie auch hier das Graswurzelspiel. Nehmen Sie an lokalen Gesundheits- und Lifestyle-Messen, an Fitness-Expos und Jungunternehmerkonferenzen teil. So bekommen Sie Erfahrung und entwickeln Ihre Fähigkeiten weiter!

Zurück zu Flohmärkten und Tauschbörsen.

Wie ich schon sagte: Die meisten Firmen mögen es nicht, wenn man ihre Produkte dort ausstellt und verkauft. Aber viele Menschen gehen dorthin. Was, wenn Sie sie anders angehen? Lesen Sie hier, was ein paar schlaue Meisterrekrutierer sehr erfolgreich getan haben:

Ansatz 1: Marktforschung

Wenn Sie ein Produkt haben, von dem man Proben abgeben kann, können Sie einen Fragebogen entwerfen. Lassen Sie die Menschen das Produkt probieren, schmecken, auftragen – oder was auch immer – und dann dazu einen einfachen Fragebogen ausfüllen.

Gestalten Sie den Fragebogen offiziell, mit Kästchen, die man abhaken kann. Stellen Sie eine Reihe „Marketingfragen“, und lassen Sie Platz frei für Namen, Adresse und Telefonnummer. Sie könnten auch einen Gutschein machen, mit dem die Befragten das Produkt, das sie getestet haben, mit Rabatt kaufen können.

Machen Sie hinterher das entsprechende Follow-up. Follow-up ist der Schlüssel bei jeglicher Form der Werbung, die Sie ausprobieren. Falls Sie noch nicht über ein gutes, leicht anwendbares Follow-up-System verfügen, organisieren Sie sich eins! (In meinem Buch *Erreichen Sie Höchstform in MLM* habe ich diesem Thema ganzes Kapitel gewidmet – ein System mit Karteikarten, das viele Meisterrekrutierer verwenden.)

Ansatz 2: Karriere-Umfrage

Setzen Sie sich mit ein paar Geschäftspartnern zusammen, und testen Sie diesen Ansatz: Erstellen Sie eine Umfrage, mit der man leicht erkennen kann, was man an seiner gegenwärtigen Arbeitssituation schätzt und was nicht. Stellen Sie Fragen, in denen die Bedeutung von Kreativität, Freiheit, flexible Arbeitszeiten, keine Arbeitsanfahrt, Selbstständigkeit, zusätzliches Einkommen und Ähnliches hervorgehoben wird.

Interagieren Sie während der Umfrage mit den Menschen, und konzentrieren Sie sich darauf, einen guten Draht zu ihnen zu bekommen. Es sollte Ihnen Spaß machen! Sie werden entdecken, dass die meisten Menschen offen sind und gerne mitteilen, was sie mögen und was nicht. (Am Buchende finden Sie ein paar Beispielfragen für die „Karriere-Umfrage“. Das heißt natürlich nicht, dass Sie *nur* diese Fragen stellen sollten. Nutzen Sie sie als Orientierung, und lassen Sie sich davon zu eigenen Fragen inspirieren.)

Und wieder ist Follow-up der Schlüssel. Schreiben Sie also Name, Adresse und Telefonnummer auf, und melden Sie sich zum verabredeten Zeitpunkt bei den Menschen.

Sich einen Namen machen

Es ist nicht einfach, die Menschen überhaupt auf das eigene Angebot aufmerksam zu machen. Mit der entsprechenden Neigung und genügend Mut hat man allerdings einige Möglichkeiten, Aufmerksamkeit zu wecken. Dies nennt man dann *Promotion* und *Public Relation* (PR).

Je mehr Sie über Network-Marketing in Erfahrung bringen, desto mehr werden Sie ein Experte dieser einzigartigen Branche – von der die meisten Menschen praktisch nichts wissen. Ist Ihr Wissen groß genug, um den unterschiedlichen Gruppen und Menschen Ihrer Umgebung etwas über Network-Marketing zu erzählen? Das ist vielleicht leichter als Sie denken, und es ist ein ausgezeichneter Weg, sich einen Namen zu machen und etwas für die Branche zu tun.

Ich kenne Meisterrekrutierer, die in Rotary und Kiwani Clubs, bei Unternehmerkonferenzen und in Netzwerkgruppen eine Rede gehalten haben. Der Inhalt ist dabei ganz allgemein gehalten, und sie „präsentieren" auch nicht das eigene Angebot. Häufig kommen hinterher Menschen zu ihnen und wollen wissen, wo sie mehr über Network-Marketing erfahren können. Oft fragen sie auch, wie man in dieser Branche anfangen kann.

Geben Sie in Ihrer Rede vor allem Fakten über unsere Branche wieder. In meinem Buch *Die größte Gelegenheit in der Geschichte der Welt* finden Sie eine Menge ausgezeichnete Informationen über die historische Entwicklung des Network-Marketings und welche Zukunft uns bevorsteht. Bringen Sie so viel wie möglich in Erfahrung, und stellen Sie eine 20- bis 30-minütige Präsentation zusammen.

Verbände, Klubs und auch die Fachbereiche Wirtschaft oder Marketing an Hochschulen und Universitäten suchen häufig nach Rednern zu neuen Themen. Und glauben Sie mir, man muss kein durchgewinterter, polierter, professioneller Redner sein, um einen Beifallssturm zu ernten. Vorbereitung und Übung sind der Schlüssel.

Auch Zeitungen und Radiostationen suchen häufig Menschen zu aktuellen Themen. Wenn Sie ein Interview geben, sollten Sie darauf vorbereitet sein, einige Missverständnisse über unsere Branche auszuräumen. Wenn Sie die Wahrheit sagen und nicht in die Defensive gehen, können Sie viel erreichen.

Falls Ihre Produkte für Spenden oder wohltätige Zwecke geeignet sind, suchen Sie in Zusammenarbeit mit Ihrer Firma und Ihrer Upline nach Möglichkeiten, sie ihnen zukommen zu lassen. Beispiele: Lebensmittelprodukte für Obdachlose, Haustierprodukte für örtliche Tierschützer, Kosmetik und Pflegeprodukte für Pflegeheime, nahrhafte Snacks für Tagespflegezentren usw. Nehmen Sie eine Kamera mit und vielleicht einen Journalisten, der einen Artikel über Ihre wohltätige Arbeit schreiben kann. Das ist ausgezeichnet für das Image des Network-Marketings und noch besser für Ihr eigenes.

Stellen Sie sich vor, Sie präsentieren jemandem etwas, der dann meint: „Ich kenne Sie. Sie sind derjenige, der den Kindern im Krankenhaus geholfen hat..." Oder: „Ja, ich habe Sie im Fernsehen gesehen, als Sie sich um die Hunde im Tierheim gekümmert haben."

Gute Arbeit! Und wissen Sie, weshalb so wenig Menschen solch positive Publicity bekommen? Weil sie es gar nicht erst probieren. Das ist alles. Es ist viel leichter, als Sie denken.

Ein internationales Geschäft aufbauen

Colin ist ein Freund aus Australien und auf dem besten Wege zum Meisterrekrutierer. Die Network-Marketing-Firma, mit der er zusammenarbeitet, wird bald nach Malaysia und auf die Philippinen expandieren, und Colin träumt davon, ein internationales Geschäft aufzubauen.

Er schaltet Anzeigen in australischen Zeitungen und zielt dabei auf Menschen, die Kontakte in Malaysia und auf den Philippinen haben. Potenzielle Geschäftspartner, die Interesse an einer explosiv wachsenden australischen Firma haben, die in diese aufregenden neuen Märkte expandieren will.

Wenn sie dann reagieren (meist ein bis zwei Personen pro Woche), trifft er sich mit ihnen und erklärt ihnen das gesamte Angebot.

Falls sie interessiert sind, hilft er ihnen, sich auf die Menschen in ihrem örtlichen Umfeld (Australien) zu konzentrieren, um die Sache anzuleiern, während sie auf die Öffnung in die anderen Ländern warten.

Ich bin sicher, sowie die Firma bereit ist für das Geschäft in diesen Ländern, hat Colin vier oder fünf gut trainierte, begeisterte Geschäftspartner mit ausgezeichneten Kontakten in Übersee. Er kann mit ihnen nach Malaysia und auf die Philippinen reisen und damit anfangen, seinen Traum (und den seiner Geschäftspartner) zu verwirklichen.

Diese äußerst effektive Strategie eignet sich allerdings

nicht nur für das internationale Geschäft, sondern man kann sie auch verwenden, um in anderen Städten und Regionen Fuß zu fassen – Gebiete, in die Sie gerne expandieren möchten.

Hier eine gute Faustregel, wenn Sie außerhalb Ihrer unmittelbaren Umgebung expandieren möchten: *Erst planen, dann handeln!* Und bauen Sie Ihre Pläne auf folgender Regel auf: *Global denken, lokal handeln!*

Das heißt natürlich keineswegs, dass Sie dabei niemals reisen sollten – das wird letztlich sowieso nötig sein und gehört zu den großen Vorteilen eines globalen Networkers. Bevor Sie jedoch die Koffer packen, sollten Sie darauf achten, am Heimatort alles getan zu haben, was Sie dort tun können.

Sie werden staunen, wie viele Geschäftsstrategien Ihnen einfallen werden, bei denen man lokal handelt und global etwas aufbaut. Und je produktiver Sie vor Ort sind, je duplizierbarer Sie werden, desto mehr „Mucke" bekommen Sie für Ihre „Spucke"!

Überall

Bei der Werbung fürs Network-Marketing geht es vor allem darum, sein Denken nicht darauf zu beschränken, nur in einem Bereich zu werben – im Bereich Geschäftsangebote. Meisterrekrutierer sehen überall Möglichkeiten, ihre Angebote zu bewerben, denn genau dort sind sie zu finden – *überall!*

Und denken Sie immer dran: Meisterrekrutierer setzen ihre Werbung gezielt ein und treffen ihre Ziele.

Weshalb? Weil unser Spiel „ins Schwarze treffen" heißt!

Wollen Sie Ihre Werbung zum Hit machen? Ausgezeichnet! Benutzen Sie folgende Handlungsschritte, um Ihre Ziele ins Auge zu fassen.

Meine Handlungsschritte
um Geheimnis Nr. 13
zu meistern

Meisterrekrutierer wissen ihre Ziele zu treffen

1) Welche Werbekampagne, die mein Geschäft voranbringt, würde ich gerne in den nächsten 90 Tagen entwerfen?

2) Ich fasse folgende Zielgruppen ins Auge:

3) Wo möchte ich gerne Anzeigen schalten?

4) Wie möchte ich werben?

____

____

____

____

____

____

____

____

____

____

5) Wie viel will ich in den nächsten drei Monaten in mein Werbebudget stecken?

Monat 1: €_______________

Monat 2: €_______________

Monat 3: €_______________

Geheimnis Nr. 14

Meisterrekrutierer wissen, welche Fragen sie stellen und wie

Kommt Ihnen Folgendes vielleicht bekannt vor?

Ihr Kunde: „Ich freue mich schon darauf, diese Produkte auszuprobieren – wann kann ich damit anfangen?“

Sie: „Ich habe sie dabei. Sie können also sofort anfangen. Sie werden sicher zufrieden sein! Ach übrigens – kennen Sie vielleicht jemand, der auch Interesse daran hätte?“

Ihr Kunde (blickt zur Decke, denkt lange nach): „Oh je, da fällt mir erstmal niemand ein... Aber wenn mir jemand einfällt, rufe ich Sie an.“

Aber der Anruf kommt nie, oder? Obwohl der Kunde vom Produkt (und vielleicht auch dem Geschäftsangebot) begeistert ist und Sie mag und Ihnen gern helfen möchte, tut er es nicht.

Warum? Aus einem wesentlichen Grund: Sie haben ihn nicht auf die richtige Art gefragt.

In diesem Geheimnis geht es darum, Menschen in seinem Umfeld so um Hilfe zu bitten, dass man von ihnen viele Namen von Leuten bekommt, die höchstwahrscheinlich an Ihrem Produkt und/oder Angebot interessiert sind. Und zwar dauerhaft.

Wir nennen diese Strategie *Das Meisterrekrutierer-Empfehlungsverfahren,* und es handelt sich dabei um eine Methode, mit der man Schritt für Schritt großartige Empfehlungen bekommt. (Übrigens, die Person, von der Sie die Namen bekommen, nennt man „Empfehlungsquelle".) Fangen wir also an!

Weshalb es mehr Spaß macht, sein Geschäft mittels Weiterempfehlungen aufzubauen

Zunächst einmal ist es immer sehr viel leichter, auf „den Freund eines Freundes" zuzugehen als auf andere Menschen.

Dabei könnte ein Gespräch so aussehen: „Hallo, Frau Müller, hier spricht Susanne Schmidt. Ich habe vor kurzem mit Bernhard Vogel gesprochen, und er meinte, ich solle Sie mal anrufen, weil..." Wahrscheinlich hat Frau Müller von Anfang an ein offenes Ohr für Sie – besonders, wenn sie Bernhard mag und respektiert.

Es gehört zum Alltag des Network-Marketings, dass man mit vielen Menschen sprechen muss. Mal angenommen, es ist Ihr Ziel, jede Woche zehn neue Leute zu kontaktieren. Wäre es Ihnen nicht lieb, wenn Sie weniger Energie darauf verwenden müssten, diese Leute zu finden? Nun, das ist sehr viel einfacher, wenn Sie auf Leute zugehen, zu denen Sie zumindest eine indirekte Verbindung haben. Es ist sehr viel schwieriger, völlig Fremde dazu zu bewegen, Ihnen eine Stunde ihrer kostbaren Zeit zu schenken. Aber es kostet sehr viel *weniger* Zeit und Mühe, mit Menschen zu sprechen, mit denen Sie einen gemeinsamen Freund haben!

Weshalb es nicht so einfach ist, weiterempfohlen zu werden

Wenn es leichter ist und weniger Zeit kostet, mit Leuten zu reden, an die man weiterempfohlen wurde, weshalb bitten wir die Leute dann nicht öfters um Empfehlungen?

Vielleicht vergessen wir es. Das kann leicht geschehen, besonders wenn wir ganz aus dem Häuschen sind, weil wir einen neuen Kunden haben. Oder vielleicht fällt es uns schwer, um Hilfe zu bitten. Oder vielleicht glauben wir tief in unserem Innersten, dass uns in der gleichen Situation *nicht so wohl dabei wäre, die Namen unserer Freunde weiterzugeben*!

Sehen wir uns diese „Unwohlseinsfaktoren" doch mal näher an. Es gibt drei Hauptgründe, weshalb man ungern mit den Namen seiner Freunde rausrückt.

Erstens ist den Menschen möglicherweise nicht ganz wohl bei Ihrem Produkt oder Ihrer Dienstleistung (oder beim Network-Marketing allgemein).

Zweitens könnten sie sich Sorgen darüber machen, was Sie ihren Freunden und Bekannten sagen werden, und es könnte ihnen nicht recht sein, dass Sie sich auf sie berufen.

Und drittens möchte die Empfehlungsquelle eventuell nicht, dass sich seine Leute von Ihrem Vorgehen genervt fühlen und das auf sie zurückfällt.

Sehen wir uns diese drei „Unwohlseinsfaktoren“ an. Zu wissen, wie man optimal damit umgeht, ist der erste Schritt des Empfehlungsverfahrens.

Unwohlseinsfaktor 1: Der Empfehlungsquelle ist nicht ganz wohl beim Produkt oder dem Network-Marketing

Das entkräftet man am besten damit, dass man im Vorfeld sorgfältig plant, wen man genau um Empfehlungen bittet.

Regel Nummer eins: Fragen Sie nur Leute um Weiterempfehlungen, bei denen Sie sich „das Recht dazu verdient haben“. Wenn man einen Menschen noch nicht gut genug kennt, ist einem auch nicht wohl dabei, ihn um Weiterempfehlungen zu bitten – dieses Empfinden ist ein Signal dafür, dass man sich das Recht noch nicht verdient hat.

Es gibt zweierlei Menschen, bei denen man automatisch das Recht hat, sie um Empfehlungen zu bitten.

Die erste Kategorie ist klein und beinhaltet nur enge Freude und die Familie. Hier haben Sie ein Recht auf Weiterempfehlungen, weil man Ihnen zweifelsfrei jeden Erfolg gönnt.

Die zweite (und sehr viel größere) Kategorie sind Ihre Kunden! Sind Sie erst einmal zufrieden mit Ihren Produkte und Dienstleistungen, dann sind sie perfekte Kandidaten für Weiterempfehlungen! Achten Sie nur darauf, sie erst dann darum zu bitten, wenn sie Ihr Produkt bereits schätzen und es genießen. Dann ist ihre Begeisterung am größten, auch andere in den Genuss der Vorteile zu bringen, und Sie haben sich das Recht wirklich verdient.

Regel Nummer zwei: Informieren Sie die Empfehlungsquelle über Ihr Geschäft.

Ob Familienmitglied, Nachbar oder zufriedener Kunde: Sie werden Empfehlungsquellen über Ihr Geschäft informieren müssen (zumindest ein wenig), bevor diese die Möglichkeit in Betracht ziehen, Sie weiterzuempfehlen.

Manchmal sind Menschen ein bisschen auf der Hut, was „diese ganzen vielen Ebenen und so" betrifft, weil sie noch nicht ausreichend informiert sind. Investieren Sie die Zeit, und erzählen Sie den Leuten, die dafür offen sind, weshalb Network-Marketing ein moderner, entwicklungsfähiger und professioneller Vertriebsweg ist.

Eine Warnung: Wenn man von dieser großartigen Branche begeistert ist, gerät man leicht in Versuchung, seine Empfehlungsquelle unter einem Berg an Informationen zu begraben, nur um zu rechtfertigen, weshalb man in diesem Geschäft tätig ist. Bleiben Sie also immer kurz und sachlich, und verbinden Sie die Information mit ein oder zwei „Erfolgsgeschichten". Man wirkt besonders glaubwürdig, wenn man prägnant ist und eine ruhige Gewissheit ausstrahlt. Geben Sie den Leuten eventuell ein Buch oder Video über Network-Marketing – je allgemein gültiger, desto besser!

Unwohlseinsfaktor 2: Was Sie Menschen, an die Sie weiterempfohlen wurden, sagen sollten

Es kann sein, dass den Leuten nicht wohl dabei ist, Ihnen Namen von Freunden zu geben, weil sie befürchten, sie würden als Befürworter Ihrer Produkte oder Ihres Angebots dastehen.

Dieses Unwohlsein beruht auf dem Wunsch, seinen Ruf zu schützen, insbesondere falls der Betreffende Ihre Produkte oder das Angebot nicht mögen sollte. Das könnte nämlich dazu führen, dass er seinen Respekt für oder sein Vertrauen in die Empfehlungsquelle verliert. Niemand will, dass so etwas geschieht, und Sie schon gar nicht.

Solche Befürchtungen entkräftet man am besten damit, dass man der Empfehlungsquelle klar erläutert, was man den Leuten sagen wird, an die sie einen weiterempfiehlt. Versichern Sie ihr, dass Sie nicht sagen werden, sie würde Ihr Produkt gutheißen oder befürworten.

Entwickeln Sie ein Standarddrehbuch dafür, was Sie Ihrer Empfehlungsquelle in einer solchen Situation sagen. Es sollten natürlich Ihre eigenen und der Situation angemessene Worte sein.

Konzentrieren Sie sich darauf, Informationen und Ideen zu vermitteln und nicht darauf, etwas zu verkaufen.

Unwohlseinsfaktor 3: „Fallen Sie meinen Freunden nicht auf den Wecker“

Die eigentliche Befürchtung an dieser Stelle ist, dass es der Beziehung schaden könnte, wenn sich der Weiterempfohlene von Ihnen genervt fühlt.

Diese Befürchtung kommt gar nicht erst auf, wenn die Empfehlungsquelle so von den potenziellen Vorteilen begeistert ist, die das Produkt ihren Freunden und Bekannten bringen wird, dass sie es begrüßt, dass Sie Kontakt zu ihnen aufnehmen. Zufriedene Kunden kennen die Vorteile der Produkte. Die Frage lautet dann einfach: „Werden diejenigen, an die Sie mich weiterempfehlen, höchstwahrscheinlich genauso an dem Produkt interessiert sein wie Sie?“

Für diese Frage muss man ein paar Hausaufgaben gemacht haben. Sie müssen beschreiben können (einigermaßen genau), zu welchem Menschenschlag Ihre besten und zufriedensten Kunden gehören, diejenigen, die sehr offen sind – und sogar aus dem Häuschen –, wenn sie von Ihrem Produkt oder Angebot hören. Diese Beschreibung könnte man „Profil der idealen Weiterempfehlung“ nennen.

Der ideale potenzielle Geschäftspartner

Schreiben Sie die Eigenschaften Ihrer zufriedensten Kunden und Geschäftspartner auf. Welche Produkte kaufen sie? Sind sie männlich oder weiblich? Wie alt etwa? Wo wohnen sie? Wie viel verdienen sie? Beruf? Weshalb kaufen sie Ihre Produkte? Wen kennen sie? Wie loyal sind sie? Persönliche Eigenschaften? Werte? Interessen? Zahlungsfähigkeit? Hobbys und Freizeitaktivitäten?

Eine Frage sollte immer auf der Liste stehen: Mag und respektiert derjenige, an den Sie weiterempfohlen wurden, die Empfehlungsquelle? Falls sie lediglich Bekannte sind oder zwischen ihnen kein Respekt herrscht, hat diese Empfehlung nur sehr begrenzten Wert.

Hier ein Beispiel für ein Profil der idealen Weiterempfehlung (bei Nahrungsmittelergänzungsprodukte n). Der Betreffende...

- ist gesundheitsbewusst, macht regelmäßig Training,
- hat gelegentlich über Energiemangel geklagt,
- ist häufig „auf Achse“,

- ist zwischen 25 und 50 Jahren,
- kauft Vitamine oder andere Nahrungsmittelergän zungsprodukte (ist bereit, in seine Gesundheit zu investieren),
- will gerne lernen, wie man noch besser für sich sorgen kann.

Die tatsächliche Liste kann und sollte länger sein. Wenn Sie sie mit der Empfehlungsquelle besprechen, sollten Sie allerdings darauf hinweisen, dass es reicht, wenn der Betreffende zwei oder drei Punkten entspricht, um ihn als potenziell geeigneten Kandidaten zu betrachten.

Ein Profil der idealen Weiterempfehlung macht es Ihnen sehr viel leichter, Ihrer Empfehlungsquelle zu helfen, an die richtigen Leute zu denken; außerdem können Sie ihr damit obendrein vermitteln, dass diese Leute höchstwahrscheinlich interessiert sein werden.

Nehmen wir nochmals die Schlüsselpunkte des Empfehlungsverfahrens durch:

1. Listen Sie alle Empfehlungsquellen auf, bei denen Sie sich bereits das Recht verdient haben, um Weiterempfehlungen zu bitten (beachten Sie dabei beide Hauptkategorien).
2. Rufen Sie die Empfehlungsquellen an, und fragen Sie sie, ob sie Ihnen helfen möchten. Falls ja, treffen Sie eine Verabredung. (Bereiten Sie im Vorfeld ein Drehbuch für die Anrufe vor.)
3. Seien Sie rechtzeitig bei der Verabredung; erinnern Sie die Empfehlungsquelle an ihre Hilfsbereitschaft

in dieser Angelegenheit; legen Sie fest, wann Sie wieder gehen werden, und erläutern Sie nun Ihr Ziel – nämlich sechs oder sieben Weiterempfehlungen zu bekommen. (Bereiten Sie auch dafür im Vorfeld ein Drehbuch vor!)

4. Informieren Sie die Empfehlungsquelle *kurz* über Ihr Produkt und Angebot: Was es ist, weshalb sie es so gut finden, wie es sich von anderen unterscheidet, und erzählen Sie ein oder zwei kurze Erfolgsgeschichten.

5. Teilen Sie der Empfehlungsquelle mit, was Sie denjenigen sagen werden, an die Sie weiterempfohlen werden.

6. Stellen Sie sicher, dass der Weiterempfohlene wirklich „geeignet" ist – verwenden Sie das Profil der idealen Weiterempfehlung.

7. Fragen Sie: „Wer fällt Ihnen als Erster ein?"

8. Wenn die Empfehlungsquelle nach ein oder zwei Namen hängt, schlagen Sie ihr vor, das Adressbuch, die Visitenkartenmappe, die Weihnachtskartenliste oder die Computerdatei zu nutzen.

9. Listen Sie zunächst alle Namen auf, und fragen Sie erst anschließend nach Besonderheiten, um sich zu vergewissern, dass der oder die Betreffende das Profil der idealen Weiterempfehlung zumindest teilweise erfüllt.

10. Follow-up: Rufen Sie die Empfehlungsquelle an, und erzählen Sie ihr von den positiven Ergebnissen ihrer Empfehlungen - und bitten Sie sie um mehr!

Neuer Versuch

Erinnern Sie sich noch an das Gespräch vom Kapitelanfang? Sehen wir uns jetzt doch mal die Unterschiede an.

Ihr Kunde: „Es ist erstaunlich, wie gut ich mich fühle und wie viel Energie ich habe! Wirkt das Produkt bei allen Menschen so schnell?“

Sie: „Ja, das Produkt wirkt, wenn die Leute ihm eine Chance geben, und zwar dauerhaft. Es gefällt mir, dass es Ihnen so gut gefällt! Erinnern Sie sich noch daran, dass Sie bei unserem letzten Gespräch meinten, Sie kennen ein paar Leute, die Ihnen wichtig sind? Leute, denen Sie wünschen würden, dass sie sich genauso gut fühlen wie Sie jetzt?“

Ihr Kunde: „Na klar...“

Sie: „Nun, ich fände es fantastisch, wenn wir auf sechs oder sieben Namen kämen. Und übrigens: Ich vergewissere mich bei zufriedenen Kunden, die ich um Weiterempfehlungen bitte, immer, ob ihnen völlig wohl dabei ist, dass ich mit ihren Freunden spreche. Ich möchte also kurz Ihre Erinnerung auffrischen, wie ich auf sie zugehen werde.

Nachdem ich mich vorgestellt habe, werde ich wahrscheinlich Folgendes sagen: ‚Hallo, Frau Schmidt, ich sprach vor kurzem mit Herrn Bauer, und er meinte, ich solle sie anrufen. Ich nehme an, Sie kennen Herrn Bauer vom Sportverein Ihrer Kinder? Wie dem auch sei, Herr Bauer meinte, Ihre Gesundheit läge Ihnen wirklich am Herzen. In diesem Zusammenhang gibt es einige Sachen, die sich für Herrn Bauer gelohnt haben, über die ich Sie gern informieren würde. Aus diesem Grund gab er mir auch Ihren Namen und Ihre Telefonnummer...' Und dann frage ich Frau Schmidt, wann wir uns treffen könnten."

Ihr Kunde: „Klingt gut, ist in Ordnung."

Sie: „Und dies sind die Leute, die am meisten von unseren Produkten profitieren (Sie zeigen ihm das Profil der idealen Weiterempfehlung). Sie kennen wahrscheinlich niemanden, der alle Kriterien erfüllt, aber wenn zwei oder drei davon auf Ihre Freunde und Bekannte zutreffen, dann werden sie sicher enorm von unseren Produkten profitieren. Wer fällt Ihnen als Erster ein?"

(Warten Sie nun eine Weile in Stille, während die Leute nachdenken; egal, was Sie jetzt sagen, es lenkt nur ab.)

Ihr Kunde: „Nun, da wäre meine Nachbarin, Frau Schindler... und Gert Franke, wahrscheinlich."

Sie: „Das ist großartig... wissen Sie, es könnte vielleicht hilfreich sein, Ihr Adressbüchlein zur Hand zu nehmen..."

Ihr Kunde: „Ach ja, eine gute Idee... Also, dann wollen wir mal sehen. Oh, da wäre noch Susanne Abt... und Franz Braun... Nancy Chan... Viktor Donath... und..."

Ein ziemlicher Unterschied zu vorhin, oder? Wenn Sie eine Gewohnheit daraus machen, bei all Ihren zufriedenen Kunden so vorzugehen, entwickeln Sie Ihre Beziehung zu ihnen und deren Freunden weiter – und erweitern und vertiefen dabei außerdem den eigenen Freundeskreis.

Wenn Sie dieses Geheimnis gemeistert haben, müssen Sie vielleicht nie wieder einen „kalten Anruf" machen!

Dies Geheimnis ist sehr effektiv, und seine Anwendung kann in Ihrem Geschäft in kürzester Zeit wirklich etwas bewegen. Sie werden anfangen, seine Früchte zu pflücken, sowie Sie damit anfangen, die folgenden Fragen zu beantworten.

Meine Handlungsschritte um Geheimnis Nr. 14 zu meistern

Meisterrekrutierer wissen, welche Fragen sie stellen und wie

1) Wie sieht das „Profil idealer Weiterempfehlungen" für mein Produkt aus?

____

____

____

____

____

____

____

____

____

2) Wie sieht das „Profil idealer Weiterempfehlungen“ für mein Angebot aus?

3) Wie bitte ich meine Empfehlungsquellen um Weiterempfehlungen? Was werde ich ihnen sagen?

Geheimnis Nr. 15

Meisterrekrutierer wissen, dass etwas, das man für nichts bekommt, gewöhnlich keinen Wert hat

Was meinen Sie: Glauben Sie, dass man etwas für nichts bekommt? Unsere Lebenserfahrung zeigt, dass dies meist ein Versprechen nach sich zieht oder einen Preis von einem fordert. Hier ein Beispiel, das Ihnen wahrscheinlich auch etwas sagt.

Halb voll oder halb leer?

Anfang der 90er Jahre durchlebte unsere Weltwirtschaft interessante und schwierige Zeiten. Einige Menschen glaubten gar, uns stünde eine weltweite Depression bevor. In vielen Ländern verloren Tausende die Arbeit, ganze Branchen mussten den Gürtel enger schnallen, und einige Unternehmen und ganze Industriezweige verschwanden völlig von der Bildfläche.

In anderen Wirtschaftsbereichen erlebten die gleichen Länder jedoch einen „Boom". Viele Branchen prosperierten und schufen neue Jobs und Möglichkeiten.

Ist das Glas halb voll oder halb leer? Oder ist das Glas, wie ein Kabarettist meinte, „einfach viel zu groß“?

Ich bin kein Wirtschaftswissenschaftler, aber ich bin mir sicher, dass die „weltweite Rezession“ für manche Menschen eine schlechte Nachricht war und für andere eine gute. Ich denke, es ist einfach so: Wenn Sie damals der Meinung waren, wir lebten inmitten einer Rezession und in schweren Zeiten, dann stimmte das in Ihrem Fall wahrscheinlich. Haben Sie hingegen den Wandel der Wirtschaft als große Chance betrachtet, dann haben Sie die Zeit wahrscheinlich auch so erlebt.

Schrott rein, Schrott raus

Jeder hat seine Meinung und teilt sie anderen auch gerne mit. Allerdings ist sie nur selten positiv und wohlwollend, vielmehr sind die Meinungen der meisten Menschen eher negativ und zerstörerisch.

Von meiner Warte aus ist dieser „Input“ von (positiven oder negativen) Meinungen wie ein Computerprogramm. Und Sie haben vielleicht auch schon mal den Begriff „Gigo“ aus der Computerwelt gehört: „Garbage in, garbage out.“ (Schrott rein, Schrott raus).

Mal angenommen, unser Gehirn wäre so etwas wie die Hardware eines Computers – der Monitor, die Festplatte, die Tastatur, also das ganze mechanische Zeug, aus dem ein Computer besteht. Da wir alle ein Gehirn haben – fast jeder hat das gleiche –, haben wir fast alle das gleiche Computersystem.

Was uns jedoch anders denken und funktionieren lässt, ist die Software. Die Software für unseren Gehirn-Computer (die wiederum festlegt, wie positiv oder negativ unser Gehirn agiert) besteht aus all den Meinungen, die wir für bare Münze nehmen. Wenn wir negative Software benutzen (Rezession und schwere Zeiten), denken und leben wir auch so – und laufen mit Selbstmitleid durchs Leben. Investieren wir jedoch in positive und förderliche Software (der Wandel bringt neue Chancen), dann sehen wir die Dinge in einem positiven Licht. Wir handeln entsprechend und haben Erfolg im Leben.

Meiner Meinung nach hat all die negative Software, die Menschen für bare Münze nehmen – die Kaskade hemmender Meinungen, die wir von anderen zu hören bekommen –, eine *Fehlfunktion*. Sie dient uns nicht, also funktioniert sie nicht!

Weshalb, denken Sie, nehmen so viele Menschen diese Software mit Fehlfunktion für ihren Computer?

Weil sie umsonst ist! Ein ausgezeichnetes Beispiel dafür, dass etwas, was man für nichts bekommt, gewöhnlich auch nichts wert ist.

Es kostet nichts, sich diese schrottige Software zu beschaffen –, und sie ist überall in unserem Umfeld erhältlich. Machen Sie den Fernseher an, und siehe da, man zeigt Ihnen lauter schlecht funktionierende Software, die Ihren Erfolg keinesfalls fördert. Nehmen Sie sich die Zeitung vor, und auch dort lesen Sie jede Menge schrottige Software.

Und falls Sie noch nicht genug davon haben, halten Sie ein Schwätzchen mit den Nachbarn. Höchstwahrscheinlich freuen sie sich, Ihnen ein wenig von ihrem Software-Schrott abzugeben – *kostenlos*.

Andererseits kostet es weit mehr Mühe, sich gute Software zu beschaffen – das, was positiv ist und unseren Erfolg fördert. Und es ist sicherlich keine Überraschung, dass man dafür einen Preis bezahlen muss!

Nach solch guter Software müssen Sie nicht nur *forschen*, Sie müssen sie außerdem *bezahlen*, sie kostet Zeit und Geld. Genau aus diesem Grund haben die meisten Menschen keine gute „mentale Software“. Sie sind nicht bereit, dafür zu zahlen. Sie nehmen gern mit kostenlosem Schrott vorlieb.

Jetzt sagen vielleicht einige: „Nun denn, wenn etwas überhaupt nichts kostet, wie kann es seinen Preis dann *nicht* wert sein?“

Wie würden Sie sich eigentlich fühlen, wenn Sie kostenlose Software verwenden würden, bei der Sie erst hinterher enorme versteckte Kosten entdecken –, die Sie jedoch die ganze Zeit über zahlen? Würden Sie immer noch solche „kostenlose“ Software haben wollen? Wahrscheinlich nicht.

Software für den mentalen Computer kennt zweierlei Kosten:

1) Die man aus dem Portmonee begleicht.

2) Die man aus seinem Potenzial begleicht.

Die Kosten, die man aus dem Portmonee begleicht, sind offensichtlich: Sie kennen den Preis und wissen daher auch, ob er es Ihnen zum Zeitpunkt des Ankaufs wert ist.

Die Kosten, die man aus seinem Potenzial begleicht, sind versteckte Kosten (es ist ja angeblich kostenlos), und wenn man sie entdeckt, zeigt sich, dass sie meist unverschämt hoch sind.

Die Meister des Network-Marketings meiden Software, die sie aus dem Potenzial begleichen müssen. Sie begleichen die Kosten lieber sofort – aus dem Portmonee.

Weshalb? Weil ihr *Potenzial* (dank ihrer guten Software) *einen weit größeren Wert hat als das, was sie gegenwärtig wert sind.*

Es ist recht einfach: Meisterrekrutierer haben verstanden, dass Kosten, die man aus seinem Potenzial begleicht (Software mit Fehlfunktionen), einem die Zukunft raubt. Und *nichts hat so viel Wert wie Ihre Zukunft, ganz egal wie leicht und kostenlos Sie heute etwas bekommen können.*

Suchet, und ihr werdet finden

Meisterrekrutierer sind immer auf der Suche nach neuer, wirksamerer Software, egal wie sehr sie das Portmonee belastet. Weshalb? Weil sie glauben, dass ihr Computer es wert ist!

Sie weisen die negativen Programme hemmender Meinungen aus ihrem Umfeld zurück und konzentrieren sich nur darauf, was funktioniert und sie unterstützt.

Wie sie das machen? Gute Frage. Hier ein paar Beispiele:

Meisterrekrutierer investieren in die eigene Person. Sie halten ihre Software durch Training und Bildung dauernd auf dem neusten Stand. Sie abonnieren Publikationen, mit denen sie ihre Fähigkeiten und Einstellung verbessern. Sie lesen Bücher und hören sich Kassetten an, wodurch sie nach und nach *alle* Aspekte des Network-Marketings meistern. Sie nehmen an Workshops, Seminaren, Firmenkonferenzen, Meetings und Trainings teil. Sie lernen gerne Neues, womit sie ihr Leben und ihre Arbeit bereichern.

Meisterrekrutierer investieren in ihre Geschäftspartner. Sie investieren Zeit in deren Training. Sie helfen neuen Geschäftspartnern beim Sponsoring, am Telefon und durch Präsentationen vor Ort. Sie fördern kontinuierlich Events, um ihre Leute von Profis und Spitzenkräften ausbilden zu lassen. Sie schaffen Bibliotheken von Büchern und Kassetten, damit die Männer und Frauen in ihrem Netz immer über die aktuellste Version der besten Software verfügen.

Meisterrekrutierer entwerten ihre Produkte oder Angebote nicht. Sie bieten ihre Produkte zum vollen Einzelhandelspreis an, weil sie wissen, dass sie es wert sind. Sie empfehlen niemandem, sich dieser Branche anzuschließen, nur damit sie den Großhandelspreis erhalten. Sie betrachten den Einkauf zum „Großhandelspreis" als Vorteil und Privileg und bieten ihn entsprechend an. Sie bauen die Netze anderer nicht für sie auf. Menschen unter andere zu ‚stapeln', erzeugt ein falsches Gefühl, etwas erreicht zu haben – und ein nicht verdienter Fortschritt ist auch etwas, das man für nichts bekommt.

Meisterrekrutierer sehen den wahren Wert und die Attraktivität ihrer Produkte. Sie wissen, dass Ihr Angebot ein wunderbares Geschenk ist. Und sie übernehmen die Verantwortung für den Erfolg ihrer Geschäftspartner, indem sie sie trainieren und unterstützen.

Meisterrekrutierer legen einen hohen Wert auf *Wert*, weil sie wissen, dass etwas, das man für nichts bekommt, gewöhnlich auch nichts wert ist. Meisterrekrutierer sind *Investoren.* Sie investieren ihre Zeit, ihr Geld, ihre harte Arbeit und Energie in den Aufbau ihres Geschäfts und erwarten eine Rendite, die ihre Investition weit übersteigt. Und sie bringen ihren Geschäftspartnern bei, es ihnen gleich zu tun!

Ich wette, dass Sie inzwischen ziemlich gut in der Durchführung dieser Handlungsschritte sind. Das liegt daran, dass Sie nun wissen, dass Sie es wert sind – und Sie erwarten nicht, dass etwas passiert, wenn Sie nichts tun; das ist einfach nicht Ihr Stil!

Meine Handlungsschritte um Geheimnis Nr. 15 zu meistern

Meisterrekrutierer wissen, dass etwas, das man für nichts bekommt, gewöhnlich auch nichts wert ist

1) Welche Kosten aus meinem Potenzial entrichte ich, und welche hemmende Software habe ich bisher für bare Münze genommen? Welchen negativen Menschen und hinderlichen Umfeldern habe ich bisher gestattet, mir meine Zukunft zu rauben?

____

____

____

____

____

____

____

____

2) Welche Korrekturen kann ich durchführen, damit ich in Zukunft Kosten aus meinem Potenzial verhindere?

3) Wie viel will ich in den nächsten drei Monaten aus meinem Portmonee investieren, um meinen Glauben an mich und meine Zukunft zu fördern?

   Monat 1: €_______________

   Monat 2: €_______________

   Monat 3: €_______________

4) Wie und wo kann ich diese Summen optimal investieren? (Listen Sie die ungefähren Kosten jeder Investition auf.)

   Monat 1

   ____

   ____

   ____

   ____

   ____

   ____

   ____

   ____

   Monat 2

   ____

   ____

   ____

Monat 3

Geheimnis Nr. 16

Meisterrekrutierer studieren die Meister und ahmen sie nach

Wie wird man auf schnellstem Wege zum Meisterrekrutierer?

Ganz einfach: Studieren Sie die meisterlichen Rekrutierer.

Wie ich bereits sagte, ich betrachte mich auch als Lehrer immer noch als Schüler, mehr als zuvor sogar. Und was ich im Laufe der Jahre übers Rekrutieren gelernt habe, habe ich – wie man früher so schön sagte – „zu Füßen der Meister gelernt“.

Mein Freund Tom Schreiter, Autor der immens erfolgreichen „Big Al“-Bücher, sagt seit jeher, der Schlüssel zum Aufbau von Spitzenkräften in unserer Branche läge darin, sechs Monate mit ihnen zusammenzuziehen, ihnen alles beizubringen, was man weiß, und wenn sie klüger, schlauer und besser sind als man selber, weiterzuziehen.

Wenn Sie sich verpflichtet haben, selbst zum Meisterrekrutierer zu werden, kehren Sie diese Vorgehensweise einfach um.

Erinnern Sie sich noch an Geheimnis Nr. 6, als wir übers Matching und Spiegeln gesprochen haben? Wir befassten uns damit, dass man sich dem Sprachmuster, der Körperhaltung, Augenbewegung und Atmung seines Gegenübers angleicht und diese spiegelt, um ein Gefühl gemeinsamer Harmonie zu erzeugen.

Nun denn, wenn Sie in Gesellschaft von Meisterrekrutierern sind, gehen Sie genauso vor und dabei sogar noch einen Schritt weiter. Damit meine ich Folgendes:

Wenden Sie alles, was Sie über die harmonische Kontaktaufnahme gelernt haben, auf die Erforschung meisterlicher Rekrutierer an. Konzentrieren Sie sich zunächst auf die Äußerlichkeiten: Wie sie aussehen und sich verhalten. Erkunden Sie die Körperhaltung, wie sie laufen und reden, einfach alles. Konzentrieren Sie sich auf die Details, und ahmen Sie diese nach – spiegeln Sie, was Sie beobachtet haben.

Hier allerdings eine Warnung: Es geht nicht darum, zu einem Klon zu werden. Ich bitte Sie nicht, sich zu einer Roboterkopie von anderen zu machen, ganz egal, wie erfolgreich sie sind. Ich will vielmehr zum Ausdruck bringen, dass viele Dinge und Verhaltensweisen der Meisterrekrutierer das Resultat erfolgreicher Erfahrungen sind. Weshalb also das Rad neu erfinden? Vielleicht funktionieren einige Verhaltensweisen ja auch bei Ihnen.

Testen Sie sie einfach – vielleicht passen sie ja zu Ihnen. Die Regel ist einfach: Wenn Ihnen der Schuh gefällt und passt, na, dann tragen Sie ihn doch. Und wenn Sie ihn gerne tragen – eine bestimmte Sprache, Körperhaltung oder Verhaltensweise –, dann eignen Sie ihn sich an. Andernfalls: weg damit. Aber nicht, bevor Sie ihn anprobiert haben. Testen

Sie es einfach. Erforschen Sie, wie es aussieht, klingt oder sich anfühlt, bevor Sie darüber urteilen.

Ich habe einmal einen Meisterrekrutierer, einen großartigen Redner, bei seinen Trainings, Präsentationen und Einzelinterviews mit potenziellen Geschäftspartnern studiert. Ich staunte, wie die Leute auf ihn reagierten, und über die bemerkenswerten Ergebnisse, die er erzielte. Ob er nun mit einer Gruppe redete oder einer Einzelperson, er verhielt sich immer gleich. Er sprach immer schnell und mit großer Begeisterung. Er war wirklich ein Profi und ein großartiges Vorbild.

Eines Tages bat ich ihn um ein paar Tipps, wie man zum besseren Redner wird. Er legte mir die Hand auf die Schulter und meinte: „John, du bist bereits ein guter Redner. Du könntest versuchen, schneller zu reden. Wenn man Pausen einlegt wie du, verliert man einen Teil seines Publikums."

Nun, ich zog es in Erwägung und beschloss, es mal auszuprobieren. In den nächsten Gruppen sprach ich sehr viel schneller. Ich redete bei meinen Präsentationen wie aus der Pistole geschossen. Irre!

Dabei machte ich folgende Entdeckung: Manches funktioniert und anderes nicht.

Sein, wer man ist

Manche Leute hatten mir zuvor erzählt, meine leise Sprechweise ermutige sie, besser zuzuhören und vermittle, wie ernst es mir sei. Nun, nach meinen Ansprachen im „Schnelldurchlauf" erzählte mir das niemand mehr.

Also beschloss ich, wieder zu meinem natürlichen, leisen und langsamen Stil zurückzukehren, außer in einigen

Abschnitten meiner Rede, in denen ich ein wenig echte Begeisterung zeigen wollte, wofür ich den schnelleren Stil meines Mentors nutzte.

Das Ergebnis? Meine Reden wurden besser aufgenommen als je zuvor.

Warum? Weil dieser Stil dem entsprach, wie mich die meisten Menschen kennen und erfahren, wenn ich *keine* Reden halte. Er gehört zu mir, und ich fühle mich einfach wohl, wenn ich leise und artikuliert spreche.

Meinen Stil ganz und gar zu ändern, funktionierte bei mir nicht. Es passt nicht zu der Art und Weise, wie ich meistens bin. Aber indem ich einige Abschnitte meiner Präsentation aufpeppte, konnte ich Leute im Publikum erreichen, die ich zuvor offensichtlich nicht erreicht hatte. Und für diese Lektion bin ich ewig dankbar!

Fürchten Sie sich also nicht auszuprobieren, was Sie von anderen gelernt haben. Wie meine Kumpels sagen würden: „Mach doch mal einen Testdurchlauf!“. Und passen Sie anschließend Ihren Stil auf kluge Weise an.

Erst ausbilden, dann anpassen. (Das ist, nebenbei bemerkt, ein wundervolles Motto fürs Leben und die Arbeit.)

Meisterrekrutierer sind Mentoren

Alle Geheimnisse in diesem Buch stammen von Meisterrekrutierern. Ich beobachtete sie bei ihren Tätigkeiten, kampierte auf ihrer Türschwelle, wollte alles von ihnen wissen, zog bei ihnen ein und stellte Millionen Fragen.

Ich macht Meisterrekrutierer zu meinen Mentoren.

Es gibt Mentoren, seit es die Menschheit gibt. Und da dieses Konzept die ganze lange Zeit mit wehenden Fahnen überlebt hat, sollten Sie es vielleicht auch ans Herz drücken. Ich habe es getan, und es funktioniert.

Nichts kann mich daran hindern, Meisterrekrutierer um solch eine Beziehung zu bitten. Sicherlich stehen sie zeitlich unter Druck. Schlimmstenfalls bekommt man jedoch nur ein „Nein". Und wie jeder aufblühende Meisterrekrutierer wissen Sie auch, dass das heutige „Nein" vielleicht nur eine Folge des falschen Timings war. Morgen oder in zwölf Tagen liegt das vielleicht schon wieder ganz anders.

Hinter einigen Mentoren war ich mehrere Monate lang her, bevor sie mir erlaubten, wirklich bei ihnen zu studieren. Einem musste ich sogar über ein Jahr immer wieder „auf die Pelle rücken", bevor er mich ins Vertrauen nahm. Meisterrekrutierer wissen: Ausdauer ist der Schlüssel zum Erfolg im Network-Marketing. Jemand, der immer wieder anruft und sich nicht so leicht abwimmeln lässt, erhält schließlich Aufmerksamkeit.

Außerdem haben Meisterrekrutierer einen Ernsthaftigkeitsmeter eingebaut, der ihnen zeigt, wer ehrlich ist und hart arbeitet. Die erfolgreichsten Leute, die ich in diesem Geschäft kenne, nehmen sich trotz ihrer vollen Tagespläne Zeit für Leute, die noch wachsen müssen.

Ich empfehle Ihnen hier nicht, sich unmöglich zu machen oder unverschämt zu sein, *sondern lediglich*, kein „Nein" hinzunehmen – sofern Sie darauf brennen zu lernen und zu wachsen. Meisterrekrutierer werden diese Charaktereigenschaft respektieren und würdigen.

Sie können Ihrem potenziellen Mentor die Beziehung

damit schmackhaft machen, dass Sie ihm von Anfang an erklären, was er davon hat. Denken Sie darüber nach, was Sie ihm im Austausch für seine Zeit und Anleitung geben wollen. Wenn Sie Teil seines Netzes sind und er von Ihrem Provisionsniveau profitiert, könnten Sie sich beispielsweise dazu verpflichten, ein höheres Leistungsniveau zu erreichen und ihn um seine Mitwirkung bitten. Ist der Meisterrekrutierer nicht in Ihrer Upline, schaffen Sie einen anderen Vorteil, der Ihre Bereitschaft zu einem Ausgleich signalisiert.

Je mehr, desto besser

Und versuchen Sie mehr als nur einen Meister als Mentor zu bekommen. Je mehr Meister, desto besser.

Warum? Wenn Sie nur einen Mentor, nur ein Vorbild haben, riskieren Sie, Ihre persönliche Identität zu verlieren. So sehr ich Ihnen auch ans Herz lege, immer ein guter Schüler zu sein, so empfehle ich Ihnen doch mit dem gleichen Nachdruck, *niemals zum Jünger zu werden.*

Man wird nun mal nicht Meister seiner Selbst, indem man wie ein anderer ist – es geht darum, das Beste in sich zu entdecken und aus sich herauszukitzeln!

Halten Sie also nach Eigenschaften Ausschau, die Sie selbst gern hätten. Wer diese hat, ist Ihr Lehrer – Ihr Mentor. Isolieren Sie diese Eigenschaften dann von den Leuten, die sie haben, und eignen Sie sich diese an.

Je mehr Eigenschaften Sie haben wollen, desto mehr Mentoren und Vorbilder werden Sie brauchen und je bunter und zugleich ausgeglichener wird Ihr Leben sein.

Wenn etwas Ihnen diese Botschaft näher bringen kann, so möge es Folgendes sein:

Wahre Meister sind Lehrer, sie sind keine Gurus mit Jüngern.

Wahre Schüler sind zukünftige Meister, sie sind keine Jünger von Gurus.

Seien Sie immer ein ausgezeichneter Schüler, nie ein Jünger!

Meine Leuchte

Wie Ihnen vielleicht aufgefallen ist, habe ich dieses Buch meinem Vater gewidmet, der letztes Jahr verstorben ist.

Mein Vater, John, war viele Jahre lang mein Mentor. Nicht wegen seines Unternehmensgeistes – er entschied sich erfolgreich für den althergebrachten Weg in die finanzielle Sicherheit. Er erreichte seine Lebensziele durch kluge Planung und harte Arbeit als Beamter, 35 Jahre lang. Er ist mein Mentor, weil er eine Eigenschaft hatte, die ich noch bei keinem anderen in solcher Meisterschaft gesehen habe.

Seine Bereitschaft und sein Wunsch, seine Frau mit bedingungsloser Liebe, Respekt, Treue und Leidenschaft zu überschütten, war erstaunlich. Ich habe noch nie einen Mann gesehen, der eine Frau so sehr gewürdigt hat, wie mein Vater es mit meiner Mutter tat. Die Beziehung, die sie 50 Jahre lang führten, war die bestmögliche – und sie wird ewig Bestand haben!

Schade, dass ich seine Liebe und Zärtlichkeit in meiner Jugend nicht wirklich würdigen konnte. Ich dachte, es sei überall so – nichts Besonderes! Erst nachdem ich mein Zuhause verlassen und an ein paar Beziehungen gescheitert war, erkannte ich, wie wertvoll eine Lebenspartnerschaft für ein *ausgeglichenes* Leben im *Überfluss* sein kann.

Also, auch wenn du nicht mehr hier bist, Vater, so sollst du doch wissen, dass du mir eine Leuchte bist, mein Vorbild dafür, was Liebe zu einem Partner wirklich sein kann. Dir verdanke ich, dass ich immer mein Bestes tue und für Yvonne und mich erwarte.

Es heißt, wenn der Schüler bereit ist, erscheine der Lehrer. Nun, Vater, ich habe eine Weile gebraucht, bis ich soweit war, aber dank deiner Geduld und deinem ewigen Vorbild lerne und lebe ich deine Lektionen *jetzt*!

Der nächste Handlungsschritt gibt Ihnen die Chance, sich auf die Mentor/Schüler-Beziehungen zu konzentrieren, die Sie gern führen würden. Wählen Sie Ihre Lehrer sorgfältig!

Meine Handlungsschritte
um Geheimnis Nr. 16 zu meistern

Meisterrekrutierer studieren die Meister und ahmen sie nach

1) Wer sind gegenwärtig meine Mentoren?

____

____

____

____

____

____

____

____

2) Wer sind meine potenziell neuen Mentoren?

____

____

____

____

____

3) Welche Eigenschaften haben diese Mentoren, die ich gerne hätte?

4) Wie plane ich, meine Meister aktiver zu studieren und ihre Eigenschaften zu meistern?

Geheimnis Nr. 17

Meisterrekrutierer wissen, wie ihre Orange von innen aussehen soll

Wie ich bereits sagte, hatte ich viele Mentoren in meinem Leben, und einer der wertvollsten war Dr. Wayne Dyer. So viel mir bekannt ist, ist er nicht im Network-Marketing tätig – dennoch ist er ein Meister und bringt Tausenden, die es werden wollen, wertvolle Lektionen bei.

Auf einer seiner Audiokassetten benutzt er eine Analogie, die einen bleibenden Einfluss auf mich hatte. Sie handelt davon, wie wir reagieren, wenn Menschen oder Umstände etwas in uns auslösen, oder besser gesagt, uns prüfen! Die Analogie ist Folgende:

Stellen Sie sich vor...

Stellen Sie sich bitte vor, ich habe eine frische, reife und saftige Orange in der Hand. Und wenn ich drücken würde, würde etwas aus ihr hervorquellen, obwohl ich kein besonders kräftiger Mensch bin.

Was, glauben Sie, kommt aus dieser Orange, wenn ich sie drücke?

Saft, meinen Sie? Gut! Was für einer?

Orangensaft? Wieder richtig! Weshalb kommt Orangensaft aus dieser Orange, wenn ich Druck ausübe, und kein Apfel-, Birnen- oder irgendein anderer Saft?

Weil es eine Orange ist, John! Und wenn man eine Orange quetscht, kann nur Orangensaft rauskommen. Denn genau das ist in einer Orange – Orangensaft!

Was das soll, fragen Sie

Gute Frage!

Hoffentlich sind Sie nach Lesen dieses Buches derart inspiriert, dass Sie ans Telefon eilen und sich mit einem Ihrer potenziellen Geschäftspartner verabreden, der höchste Priorität hat; etwas, das Sie immer wieder aufgeschoben haben. Na, Sie wissen schon, ein potenzieller Geschäftspartner von Ihrer *Angsthasenliste*!

Mal angenommen, dass Sie sich so gut auf dieses Treffen vorbereiten wie noch nie. Sagen wir obendrein, dass Sie die beste Präsentation Ihres Lebens geben. Sie bieten diesem Menschen Ihr Geschenk mit Begeisterung, wie ein Profi, mit Integrität, Respekt und ja – mit Liebe!

Am Ende der Präsentation machen Sie mental einen Schritt zurück und beobachten die Reaktion, in der Erwartung einer warmen Wertschätzung der Zeit und des besonderen Angebots, das Sie ihm machen.

Stattdessen sieht er Sie misstrauisch an und sagt in etwa Folgendes:

„Sind Sie verrückt? Haben Sie ehrlich gedacht, ich könnte mich für so etwas interessieren? Das ist ein illegales Pyramidensystem, Himmel noch mal. Ich rate Ihnen auszusteigen, bevor Sie Ihr ganzes Geld verlieren. Warum suchen Sie sich keine ehrliche Arbeit?“

Aua!

Ihr potenzieller Geschäftspartner hat Sie ganz schön unter Druck gesetzt – nicht wahr? Und nehmen wir mal an, Sie sind ärgerlich und verteidigen sich; Sie fühlen sich persönlich angegriffen und entmutigt; vielleicht bezweifeln Sie sogar Ihr ganzes Tun und ob Ihr Angebot wirklich so viel Wert hat, wie Sie denken.

Die Frage lautet: *Kommen diese Gefühle zum Vorschein, weil diese Person Sie unter Druck gesetzt hat? Oder weil diese Gefühle bereits in Ihnen vorhanden sind?*

Kommen wir noch mal auf dieses Grundprinzip zurück: Wir sollten unsere Aufmerksamkeit und Energie nur auf das richten, was wir in den Griff bekommen können und sollten so weise sein, das loszulassen, was wir nicht unter Kontrolle haben.

Wir haben keine Kontrolle darüber, ob wir von Menschen oder Umständen unter Druck gesetzt werden und können das gegebenenfalls auch gar nicht verhindern (außer wir machen uns zum Einsiedler). Irgendjemand oder etwas setzt uns praktisch jeden Tag unseres Lebens unter Druck. Wir haben jedoch unter Kontrolle, was in uns steckt! Und wenn wir wollen, dass in unserem Leben nur Platz für positives Denken im Überfluss sein soll, Frieden, Harmonie, Mitgefühl und Liebe, dann ist es ganz egal, wer oder was uns unter Druck setzt, denn dieser Druck wird nur Positives zum Vorschein bringen. Ansonsten ist nämlich nichts in uns vorhanden.

Leichter gesagt als getan

Klingt gut, oder? Ist aber gar nicht so leicht getan, oder?

Es ist ziemlich wahrscheinlich, dass dies innerhalb einiger weniger Tage auf den Prüfstand kommt. Irgendwo werden Sie irgendwie unter Druck gesetzt und müssen der Welt zeigen, was in Ihnen steckt.

Vielleicht sind Sie spät abends auf der Autobahn zu einem wichtigen Meeting unterwegs. Bei dem Versuch, ein wenig verloren gegangene Zeit wettzumachen, rasen Sie wie Michael Schumacher über die Schnellstraße.

Plötzlich verstopft eine kleine alte Dame mit blauem Haar und einem riesigen Wagen den Weg, weil sie nur die Hälfte der erlaubten Geschwindigkeit fährt, und Sie können sie nicht überholen. Sie verspäten sich noch mehr – mit anderen Worten: Die Dame setzt Sie unter Druck.

Impulsiv wollen Sie auf die Hupe drücken, Ihr Fenster runterkurbeln und rausbrüllen: „Aus dem Weg, du alte Schachtel, ich komme bereits zu spät!“

Dr. Dyer erinnert uns aber: „Immer, wenn wir andere in Wort und Tat beurteilen, beurteilen wir uns eigentlich selbst.“

Die alte Dame ist genau da, wo sie sein soll – sie hat ein Ziel. Sie soll Sie testen. Sie will sehen, was in Ihnen steckt!

Pause einlegen, nachdenken

Hier eine Hilfestellung: Immer, wenn wir unter Druck stehen, *können wir eine Pause einlegen und nachdenken, bevor wir unseren Kram von uns geben.* Wenn wir eine Gewohnheit daraus machen, eine Pause einzulegen (der Bruchteil einer Sekunde), sowie wir unter Druck stehen, haben wir wertvolle Zeit, um darüber nachzudenken, was in uns stecken soll – bevor wir es rausposaunen.

Impulsives Verhalten nimmt uns den Luxus nachzudenken und uns zu entscheiden! Es sei denn, wir haben unser impulsives Verhalten derart konditioniert, dass es immer spiegelt, was in uns stecken sollte.

Wenn Sie also das nächste Mal von einem ungebildeten, negativen Kandidaten unter Druck gesetzt werden, legen Sie eine Pause ein – damit Sie nachdenken und sich entscheiden können. Da es im Leben nur um Entscheidungen geht, können Sie entweder:

1) Ihren Zweifel, Ihre Wut und Ihre Entmutigung an Menschen aus- und sie entwürdigt zurücklassen; oder:

2) Sie können den Betreffenden mit einem sanften, kühlen Sprühregen aus Mitgefühl, Verständnis und Respekt benetzen.

Sie haben die Wahl. Was in Ihnen steckt, ist auch Ihr Besitz. Und die Welt sieht es jeden Tag – und Sie leben damit.

Sehen wir uns also jetzt an, wie das, was in uns steckt, geformt und geschaffen wird. Und wie man es verändern kann, wenn man will!

Grundüberzeugungen sind alles

Jeder von uns hat eine Reihe Überzeugungen, wer wir sind und was wir im Leben erreichen können. Das sind unsere Grundüberzeugungen. *Und die meisten von uns sind ein Opfer ihrer Grundüberzeugungen und nicht deren Meister.*

Wissen Sie, was eine Überzeugung eigentlich ist?

Es ist eine Gewohnheit, eine Denkgewohnheit. Und wie die meisten Gewohnheiten haben wir sie geschenkt bekommen – kostenlos. Erinnern Sie sich noch an Geheimnis Nr. 15: **Meisterrekrutierer wissen, dass etwas, was man für nichts bekommt, gewöhnlich auch nichts wert ist**?

Ich will das erläutern.

Die Überzeugungen, was wir im Leben leisten können und was nicht, wurden in unserer Kindheit geformt. Wir haben früh gelernt, dass das, was wir tun, haben und sein können, Grenzen hat.

Es gab Orte, wo wir hingehen durften und andere, wo wir nicht hin sollten; es gab Sachen, die wir tun konnten und solche, die wir nicht tun durften; es gab Worte, die wir äußern konnten und andere, die wir nicht in den Mund nehmen durften; es gab sogar Gedanken, die wir denken und solche, die wir keinesfalls hegen durften.

Ich gebe hier kein Urteil darüber ab, ob das gut oder schlecht ist. Sondern, so ist nun mal das Leben, und zwar für die meisten Menschen – auch für Meisterrekrutierer.

Wichtig ist nur die Erkenntnis, dass unsere Überzeugungen ursprünglich etwas waren, das wir für nichts bekommen haben. Wir haben nicht darum gebeten oder nichts dafür bezahlt, und wir haben kaum etwas getan, um sie bewusst auszuwählen. Wir bekamen einfach Input – von Autoritäten wie den Eltern, Verwandten, Lehrern etc. –, und wenn dieser Input häufig (oder lautstark) genug auf uns einwirkte, nahmen wir ihn uns zu Herzen, und er wurde zu einer *Denkgewohnheit*.

Eine Gewohnheit ist etwas, das wir tun, *ohne nachzudenken*. Es ist einprogrammiert. Wir reagieren lediglich unserem Programm entsprechend. Wenn wir von den Begebenheiten des Lebens, die nicht so laufen, wie wir es wollen, unter Druck gesetzt werden, enthüllen sich unsere wahren Überzeugungen.

Keines dieser Programme ist notwendigerweise auch die *Wahrheit*. Gut, schlecht oder indifferent, es war nun mal so, wie es war, und ist, wie es ist. Wir wurden mit Überzeugungen über uns selbst und unsere Welt programmiert, die auf den Überzeugungen anderer beruhten – nämlich darauf, was *sie* für richtig hielten.

Und leider handelt es sich bei den meisten Programmen nur darum, was wir *nicht* sollen oder *nicht* können, was wir *nicht* haben oder *nicht* tun dürfen.

Nein... Nein... NEIN!

„Nicht anfassen... das ist HEISS!... Spiel nicht auf der Straße... spiel nicht mit Streichhölzern..."

Dadurch waren wir sicher. Es war zu unserem Besten, nicht wahr?

Wussten Sie, dass das durchschnittliche Kind 17-mal öfter ein Nein zu hören bekommt als ein Ja? Es stimmt. Auf 14 positive Äußerungen an einem durchschnittlichen Kindheitstag kommen 240 negative.

Das ist eindeutig etwas, das man für nichts bekommt, und zwar in großem Stil.

Verstehen Sie, dass die meisten von uns seit frühstem Kindheitsalter jede Menge negative Programmierungen abbekommen haben und dass diese seit langer Zeit immer wieder aktualisiert worden sind?

Weshalb ist es so wichtig, das zu wissen?

Wir erreichen erwiesenermaßen nur das, wovon wir glauben, es erreichen zu können. Kennen Sie das berühmte Zitat: „Was auch immer der menschliche Geist erfinden und woran er glauben kann, das kann er auch erreichen.“? Nun denn, hier ist das vielleicht wichtigste Geheimnis aller Geheimnisse für Meisterrekrutierer:

Meisterrekrutierer sind davon überzeugt, meisterhafte Rekrutierer zu sein.

Wenn Sie nicht davon überzeugt wären, könnten sie es auch nicht sein. Setzen Sie mal einen Meisterrekrutierer unter Druck, und sehen Sie, was zu Vorschein kommt!

Er hört zu, denkt nach und lächelt. Dann stellt er Fragen, um seinem Gegenüber zu helfen, seine Zweifel und Ängste zu offenbaren. Er löst sich von emotionaler Spannung oder vom Ärger, den er empfindet, bevor er sich äußert. Er ist sich seines Erfolges sicher. Er steckt nicht voller Zweifel und Befürchtungen. Und falls er etwas befürchtet oder sich entmutigt fühlt und ihn doch einmal Zweifel befallen (schließlich ist er auch nur ein Mensch), dann erkennt er, womit er es eigentlich zu tun hat, nämlich mit *Unwahrheiten.* Also richtet er seine gesamte Aufmerksamkeit darauf, sich davon zu lösen, und zwar indem er sie umkehrt.

Das ist das tiefste Geheimnis der Meisterrekrutierer.

Wovon sind Sie überzeugt?

Sind Sie davon überzeugt, ein Meisterrekrutierer sein zu können?

Ich sage Ihnen schon mal vorweg: Wenn Sie nicht davon überzeugt sind, ein Meisterrekrutierer sein zu können, dann gibt es weder im Himmel noch auf Erden eine Möglichkeit, wie Sie es werden könnten. Und das, liebe Leser, ist die Wahrheit!

Ich verstehe, dass einige von Ihnen gelegentlich solche Gedanken haben. Das ist in Ordnung.

Aber geben Sie bitte nicht auf. Ich habe großartige Neuigkeiten, das Geheimnis hinter allen Geheimnissen. Es hat etwas damit zu tun, was ich anfangs meinte, dass nämlich all unsere Überzeugungen lediglich Denkgewohnheiten sind.

Wie man seine Überzeugungen (seine Gewohnheiten) ändert

Diese Übung heißt: „Wissen, was in *Ihrer* Orange stecken soll." Ich könnte sie auch so nennen: „Wie man *etwas* kreiert, das *etwas* kostet." Und so sieht die Übung aus.

Schreiben Sie auf die freien Zeilen weiter unten, wie ein Meisterrekrutierer Ihrer Meinung nach aussieht, klingt und sich anfühlt, und zwar auf der Grundlage all dessen, was Sie bisher über die Geheimnisse von Meisterrekrutierern gelernt haben. Machen Sie sich keine Sorgen, es geht nicht um Sie, sondern darum, den *idealen* Meisterrekrutierer zu definieren.

Die Person sollte so alt sein wie Sie und das gleiche Geschlecht haben, aber was das restliche Bild betrifft, sollten Sie sich selbst dabei ganz vergessen. Beschreiben Sie Ihr Bild eines perfekten Meisterrekrutierers so detailliert wie möglich. Schreiben Sie alles auf, was er oder sie tun würde, welche Einstellung er oder sie hätte und wie er oder sie vorgehen würde. Bitte tun Sie das jetzt.

Falls Sie diese Übung übergehen wollen, sollten Sie sich vielleicht fragen: „Weshalb lese ich dieses Buch eigentlich?“ Denn diese Übung ist wirklich wichtig – sofern Sie wirklich zum Meisterrekrutierer werden wollen.

Hier eine Idee, die Ihnen helfen kann. Sehen Sie doch die Handlungsschritte durch, die Sie bisher durchgeführt haben. Der ideale Meisterrekrutierer hat viele Eigenschaften, mit denen Sie sich dort befasst haben.

Okay, gehen Sie nun das von Ihnen geschilderte Bild des perfekten Meisterrekrutierers erneut durch und beschreiben ihn oder sie *noch detaillierter*. Das Bild sollte so lebendig und anschaulich wie möglich sein.

Und noch eins: Fügen Sie diesmal den *eigenen* Namen und das *eigene* Gesicht in die gesamte Beschreibung ein.

Es ist egal, ob Sie von diesem Bild *überzeugt* sind oder nicht. Fügen Sie sich einfach selbst in das Bild des Meisterrekrutierers ein, den Sie beschreiben.

Also los, schildern Sie Ihr Bild von sich als Meisterrekrutierer. Tun Sie es jetzt.

Ich, der Meisterrekrutierer

Großartig! Ich danke Ihnen vielmals, dass Sie diese Übung vollzogen haben. Warum danken Sie sich nicht selbst?! Sie haben sich die Arbeit gemacht, und Sie können mir glauben: Sie werden die Belohnungen dafür genießen!

Wenn Sie so etwas hier zum ersten Mal tun, kommen Sie sich vielleicht ein wenig affig vor. Vielleicht denken Sie: „Aber das *bin* ich nicht." Und sich dafür zu halten, ist eine Lüge – stimmt's?

Ich verstehe solche Gedanken – solche Gewohnheiten. Die meisten haben sie, wenn sie das erste Mal ein Bild wie dieses erzeugen. Aber ich möchte auch, dass Ihnen Folgendes bewusst wird: *Sie haben ebenfalls den Gedanken erzeugt, dass Sie es nicht sind!*

Beide Bilder – *stammen von Ihnen.*

Es geht nicht darum, ob diese Bilder wahr sind oder nicht. Beide wurden erzeugt: Sie als Nicht-Meisterrekrutierer, voller Zweifel, Befürchtungen und Grenzen; und Sie als Meisterrekrutierer, mit der Beschreibung, die Sie weiter oben von sich gegeben haben. Beide Bilder wurden von Ihnen erzeugt. Und da Sie die Bilder geschaffen haben, haben Sie auch das Recht zu entscheiden, welches Sie behalten und welches Sie verwerfen wollen. Warum also nicht das Bild behalten, das Ihnen Kraft gibt, und das andere entsorgen?

Gibt es Ihnen Kraft, sich als begrenzten, unfähigen Nicht-Meisterrekrutierer zu betrachten?

Nein! Dann verwerfen Sie dieses Bild, und ersetzen Sie es durch das neue, das Ihnen Kraft gibt. Betrachten Sie Ihr neues Bild als Werkzeug, das Sie dazu nutzen können, genauso erfolgreich zu sein, wie Sie es sein möchten. Es ist ein kreatives Werkzeug, genauso wie ein Video oder eine Visitenkarte, nur diesmal geben Sie es sich selbst statt einem potenziellen Geschäftspartner.

Und so macht man das.

Die Gewohnheit, ein Meisterrekrutierer zu sein

Ich werde Ihnen zeigen, wie Sie es sich zur Gewohnheit machen, ein Meisterrekrutierer zu sein.

Hier ist der Schlüssel: Sie erzeugen diese Gewohnheit wie alle anderen, die Sie bereits besitzen, indem Sie es nämlich so lange wiederholen, *bis Sie buchstäblich zum Meisterrekrutierer geworden sind.*

Tippen Sie zunächst die Beschreibung, die Sie eben von sich als Meisterrekrutierer verfasst haben, auf *eine* Seite ab. Heften Sie davon eine Kopie in durchsichtigem Plastik in Ihren Tagesplaner. Kopieren Sie noch zwei oder drei weitere Exemplare.

Lesen Sie diese Beschreibung jeden Tag 20 Mal (richtig gelesen: 20 Mal!), und zwar jeden Tag ab heute.

Lesen Sie sie beim Aufstehen und Einschlafen und zwischendurch jede halbe Stunde einmal.

Der Grund dafür ist simpel: Unser Geist funktioniert *quantitativ, nicht qualitativ*. Das heißt, er erkennt den Unterschied zwischen dem Input von der Seite, die Sie soeben geschrieben haben, und Ihren normalen Gedanken nicht. Ihr Geist unterscheidet nicht, was davon real oder wahr ist! Er nimmt einfach alles auf und stapelt es. Wenn der Stapel, der behauptet, Sie seien kein Meisterrekrutierer, größer ist als der, der besagt, sie seien einer, dann schließt er, dass Sie es nicht sind - und das war's.

Wir tun hier nichts anderes, als diese Abwägung zu beeinflussen – nur diesmal *in Ihrem Sinne*!

Verstehen Sie? Erkennen Sie, was wir hier tun?

Das ist kein Hokuspokus. Wir sorgen nur dafür, dass Sie eine Kraft raubende Denkgewohnheit durch eine ersetzen, die Ihnen Kraft schenkt. (Sie können diese Technik übrigens bei allem benutzen, was Sie erreichen möchten.)

Wenn Sie das nun Tag für Tag getan haben und den Turbo einlegen wollen, dann sprechen Sie Ihre Beschreibung auf eine Kassette. Spielen Sie nun die Kassette ab, während Sie die Meisterrekrutiererbeschreibung lesen.

Wenn Sie meinen, es sei effektiv, sie immer und immer wieder zu lesen, was meinen Sie geschieht, wenn Sie sie lesen und gleichzeitig laut hören?!

Testen Sie es – es könnte Ihnen gefallen

Es hat keinerlei Einfluss auf meine Grundüberzeugungen, ob Sie glauben, dass diese Technik effektiv ist oder nicht. Ich bitte Sie lediglich, es einen Monat lang auszuprobieren und zu sehen, was geschieht. Tun Sie es, dann verwette ich ein Vermögen darauf, dass Ihnen die Veränderungen gefallen werden, die Sie in Ihrem Denken und Tun bemerken – ja, Sie werden staunen.

Bedenken Sie: Gedanken schlagen Wurzeln im Geist und wachsen sich zu Taten aus. Stellen Sie sich nur mal vor, was geschehen würde, wenn Sie die Denkgewohnheit hätten, dass Sie ein Meisterrekrutierer sind und diese Überzeugung hegen und pflegen!

Diese Grundüberzeugung führt Meisterrekrutierer zu *massiver Aktivität*! Und damit Sie das selbst erfahren, müssen Sie lediglich Zeit, Mühe und Energie investieren, Ihre Denkgewohnheiten neu zu programmieren. Nehmen Sie sich also die Übung vor, und führen Sie sie durch!

Ich fordere Sie heraus, diesen Druck eine Weile aufrechtzuerhalten und zu schauen, wie der MEISTER aus Ihnen hervorquillt!

Auf das Risiko hin, dass Sie sich unter Druck gesetzt fühlen – was hat die Uhr geschlagen? Richtig: Zeit für Handlungsschritte! Machen Sie sich also ran, denn die Ergebnisse, die aus diesem Geheimnis hervorquellen, werden Ihnen *sehr gefallen*!

Meine Handlungsschritte

um Geheimnis Nr. 17 zu meistern

Meisterrekrutierer wissen, wie ihre Orange von innen aussehen soll

1) Wenn mich jemand unter Druck setzt, was soll dann aus mir hervorquellen? Was will ich *sein* und inwiefern engagiere ich mich dafür?

____

____

____

____

____

2) Wenn ich unter Druck stehe, wozu muss ich mich anhalten, bevor ich impulsiv reagiere?

   1._________

   2. _________

3) Ich erkläre mich einverstanden, die Übung namens „Ich, der Meisterrekrutierer“ durchzuführen, die in diesem Geheimnis ausgeführt wird. Meine Unterschrift mit Datum besiegelt meine persönliche Verpflichtung, diese Übung zu vollziehen.

Datum: _______________

Unterschrift: _______________

Sondergeheimnis

Meisterrekrutierer spielen das Spiel liebend gern

Nun sind Sie bis hierher gekommen, lieber Freund, liebe Freundin. Das zeigt mir, dass Sie ein ernsthaft interessierter Schüler sind.

Der Weg zur Meisterschaft ruft Sie, und ich spüre, dass Sie sich mit offenem Herzen und der Offenheit eines Anfängers darauf zubewegen, also mit zwei der kostbarsten Eigenschaften, die die Meister besitzen.

Ich nutze in diesem Geheimnis also die letzte Gelegenheit, Ihrer Reise „mehr Wert“ zu geben. Betrachten Sie es als Geschenk: eine wohlverdiente Anerkennung Ihres Engagements, der Beste zu sein, der Sie sein können!

Das Spiel des Lebens

Einer der Charaktere Shakespeares sagte einmal, die ganze Welt sei eine Bühne, auf der wir alle unsere Rollen spielen[1]. Nun denn, hier ist eine etwas andere Wendung dieser alten Weisheit.

[1] „Totus mundus agit histrionem“ („Die ganze Welt schauspielert“) stand auch als Motto über seinem Theater in London [der Übersetzer].

Randy Ward, ein lieber Freund, schrieb das außerordentliche Buch *Winning the Greatest Game of All – Network Marketing,* in dem er uns hilft, unser Geschäft als *beschleunigtes Spiel des Lebens* zu betrachten! Und wie bei allen Spielen stehen wir vor der Wahl zu spielen oder zuzuschauen!

Das Spiel des Network-Marketings ist nämlich wie jedes andere Spiel: Es gibt Zuschauer, Spieler, Regeln, Gewinner, Verlierer, mittelmäßige Teilnehmer und Superstars. In Anbetracht dieser Fakten, für welche Rolle *entscheiden Sie* sich?

Im Spiel des Network-Marketings sind Meisterrekrutierer die Superstars. Um sie sehen zu können, bezahlen die Menschen Geld. Das Team verlässt sich auf sie, damit sie Erfolg haben. Sie sind die Spielmacher und fördern immer das Beste in ihrem Team zutage.

Wenn Sie in einer Sportart bewandert sind, Tennis beispielsweise oder Baseball, Basketball, Fußball, Rugby, Cricket oder Golf, dann wissen Sie sicherlich, dass die Großen alle eins gemeinsam haben: Sie lieben das Spiel. Das Megaeinkommen, das sie damit verdienen, ist nur ein Nebenprodukt dieser Liebe. Das ist das Geheimnis hinter Geheimnis Nr. 1: **Meisterrekrutierer sitzen nicht auf ihren Pfründen**.

Bezahlt bekommen, was man wert ist

Und da ich gerade über Megaeinkommen spreche: Ich staune immer wieder darüber, dass manche Leute sich über die „ungeheuerlichen Einnahmen" der Meister des Profisports beklagen. Ein Grund, weshalb Meistersportler diese „ungeheuerlichen Einnahmen" haben, ist, dass *sie glauben, sie seien es wert*!

Scheinbar glauben auch andere das, nämlich diejenigen, die sie so hoch bezahlen. Tatsache ist, jedes Mal, wenn ich mit meiner Frau und Freunden ein Spiel anschaue, *kaufe ich den Meistersportlern ab, dass sie so viel wert sind.* Und ich werde ihnen das auch weiterhin abkaufen, bis mir das Zuschauen nicht mehr das wert ist, was ich für eine Eintrittskarte hinblättern soll! Das gilt wahrscheinlich auch für Sie und jeden anderen!

Es geht um Folgendes: Wenn auch Sie eines Tages ein ebenso „ungeheuerliches Einkommen" erzielen wollen wie die Meisterrekrutierer des Network-Marketings, dann sollten Sie auch weiterhin alles tun, um Ihr Selbstwertgefühl zu steigern.

Warum? Weil der Markt Ihnen geben wird, was Sie *wirklich glauben*, wert zu sein. Und er wird Sie so lange so entlohnen, wie Sie ihm dafür den bleibenden oder einen größeren Wert zurückgeben, und zwar ganz egal, für wie „ungeheuerlich" andere Ihr Einkommen halten!

Wir leben nicht in einer Welt, die die Anzahl derjenigen begrenzt, die ein ungeheuerliches Einkommen erzielen können. *Es gibt keinen Mangel an Überfluss. Es ermangelt uns lediglich eines entsprechenden Denkens und einer Lehre der Fülle.*

Bauen Sie also den *Überfluss* in Ihrem Geist auf und ebenso den *Wert* in Ihrer Arbeit. Und seien Sie dann so mutig, sich diesen Wert vom Markt entlohnen zu lassen. Wie sonst sollen Sie wissen, wie viel Sie verdienen können? Und noch wichtiger: Wie sonst können Sie wissen, *welchen Wert Sie überhaupt produzieren können*?

Übung, Übung, Übung

Manche von uns wurden mit einer besonderen Gabe oder einem Talent geboren, und vielleicht gehören Sie dazu. Falls dem so ist, sind Sie sicher jeden Abend, bevor Sie schlafen gehen, dankbar für diese Segnungen. Denn die meisten von uns sind nur durchschnittlich talentiert und mussten daher hart daran arbeiten, wirklich gut zu werden. Wir waren dazu gezwungen.

Larry Bird gehörte zu den weltbesten Basketballspielern, weil er fleißiger trainierte als alle anderen. Stunden vor jedem Spiel war Larry bereits auf dem Spielfeld und übte Strafwürfe. Außerhalb der Saison trainierte er jeden Tag, Stunden lang. Er war ein durchschnittlicher Sportler, der sehr hart arbeitete, und dank der ganzen harten Arbeit – nicht dank seines Talents – hat er sich einen Ehrenplatz in der Ruhmeshalle des Basketballs verdient.

Auch Meisterrekrutierer arbeiten hart, auch diejenigen, denen ein Talent für dieses Geschäft angeboren scheint. Wenn Sie wissen wollen, wie man im Network-Marketing das große Geld verdient, dann sehen Sie sich einfach die Meisterrekrutierer an. Während andere mit zwei oder drei Leuten täglich reden und monatlich zwischen 500 € und 2.000 € verdienen, sprechen Meisterrekrutierer mit 20 bis 30 Menschen am Tag und verdienen zwischen 30.000 € und 100.000 € im Monat und mehr. Der Unterschied zwischen beiden ist: Übung, Übung, Übung. Und das ist das Geheimnis hinter Geheimnis Nr. 2: **Meisterrekrutierer sind unbeirrbar standhaft.**

Das Spitzenkraftsyndrom

Meisterrekrutierer rechnen übrigens nicht nur mit „großen Spielen“, obwohl sie natürlich viele machen.

Viele Menschen gehen davon aus, man müsse nur eine „Spitzenkraft“ sponsern, jemanden mit einem riesigen Einflusskreis und viel Erfahrung, um wirklich Erfolg im Network-Marketing zu haben. Das ist aber nicht unbedingt der Fall. Die meisten Spitzenkräfte stammen aus den Reihen der durchschnittlichen Spieler. Erinnern Sie sich noch an den „Dschinn“ von Geheimnis Nr. 5, der uns zeigte, dass wir den Menschen noch nicht begegnet sind, die in drei Jahren unsere Spitzenkräfte sein werden? Nun, noch wichtiger ist die Erkenntnis, dass diese Spitzenkräfte selber noch nicht wissen, dass sie es sind! Sponsern und behandeln Sie also jeden, als sei er bereits eine Spitzenkraft.

Halten Sie sich an das Wesentliche

Tag für Tag halten Meisterrekrutierer sich an das Wesentliche. Sie wissen, dass ausdauerndes, solides, einfaches Bemühen sich auf Dauer auszahlt.

Natürlich sind wir alle beeindruckt, wenn wir den Sturm und das Tor sehen, mit dem das Spiel gewonnen wird, oder auch den trickreichen Putt, mit dem der Pokal an den Sieger des Golfturniers geht. Aber in Wahrheit wird jede Meisterschaft durch *beständig erzielte,* kleine Erfolge gewonnen.

Ich will Ihnen eine Geschichte erzählen, die die große Wirksamkeit kleiner Erfolge illustriert.

Ringe werfen

Ich nahm vor kurzem mit wunderbaren Menschen unterschiedlichen Hintergrunds an einem fantastischen, dreieinhalb Tage dauernden Workshop teil. Das Training basierte vor allem auf praktischen Erfahrungen, von denen wir viele in Spielen machten. Nach Ablauf sprachen wir jedes Spiel und die Einsichten durch, die wir durch unser Spielverhalten über uns selbst gewonnen hatten.

Ein elementares und wirkungsvolles Prinzip lautet: Wir spielen unsere Spiele genauso, wie wir unser Leben spielen. Viele Spiele, auch Kinderspiele, haben den gleichen Sinn und Zweck wie die Spiele, die wir in unserem Privat- und Berufsleben spielen.

Wenn wir unser Verhalten also mit ein wenig Distanz betrachten – besonders mit Hilfe der Einsichten und dem Input von klugen Trainern –, können wir ein paar wertvolle Lektionen lernen.

Eines der Spiele im Workshop war wirklich faszinierend. Es hieß Ringe werfen. Jeder Teilnehmer konnte für einen Dollar pro Stück Ringe kaufen. Man musste nicht daran teilnehmen, und daher spielten einige natürlich nicht mit.

Die Organisatoren platzierten am einen Ende des Saals aufrecht stehende Stöcke. Ein Stück weiter brachten sie Markierungen an. Man musste mit den Zehen hinter diesen Klebestreifen auf dem Teppichboden stehen bleiben, wenn man seine Ringe warf.

Die erste Markierung war etwa 2 Meter vom Stock entfernt. Wenn man den Stock aus dieser Entfernung traf, bekam man zwei Dollar, erhielt seinen Einsatz also doppelt zurück.

Es gab Markierungen bis etwa zehn Meter, und je weiter der Abstand, desto mehr Geld bekam man für einen Treffer. Traf man den Ring aus fünf Metern Entfernung, erhielt man 20 Dollar, und bei einem Treffer von zehn Meter Abstand bekam man coole 100 Dollar. Nicht schlecht für den Einsatz von einem Dollar, nicht wahr?

Die meisten Leute kauften ein paar Ringe und warfen von einem Abstand zwischen zwei und fünf Metern. Ein paar jedoch stellten sich hinter die letzte Markierung und ließen ihre Ringe von dort aus sausen.

Und – niemand landete einen „Treffer". Nicht ein einziger Ring hatte sich um einen Stock gelegt.

Wir sahen uns erstaunt an. Einige Leute beschlossen, das Spiel sei entweder zu schwierig oder irgendwie „manipuliert" und gaben auf. Andere – und dazu gehörte ich – beschlossen, weiterzumachen und herauszufinden, wie man das Spiel gewinnen konnte.

Schließlich kaufte eine Frau fünf Ringe. Sie ging zur ersten Markierung, beugte sich so weit wie möglich vor und warf. Sie hatte nur einen Treffer bei fünf Versuchen. Sie hatte Geld verloren – drei Dollar, um genau zu sein.

Dann kaufte sie wieder fünf Ringe für jeweils einen Dollar. Ich erinnere mich, gedacht zu haben: „Die will bestraft werden. Bei solchen Chancen kann sie einfach nicht gewinnen."

Sie stellte sich wieder hinter die erste Markierung und beugte sich so weit wie möglich vor, fiel fast nach vorn und warf diesmal vier Ringe. Wieder kein Treffer und vier Dollar verloren! Sie stand da, frustriert, aber optimistisch, weil sie glaubte, es gäbe eine Möglichkeit, das Spiel zu gewinnen.

Nachdem Sie einen Moment lang nachgedacht hatte, platzierte sie ihre Zehen sorgfältig hinter die Markierung und beugte sich erneut weit vor. Diesmal ließ sie sich allerdings sanft zu Boden gleiten in Richtung des Stocks. Ihre Zehen befanden sich jedoch noch immer hinter der Markierung. Dann streckte sie sich und ließ den Ring über den Stock fallen – Treffer!

Schnell schaute sie sich zum Trainer um: keine Trillerpfeife, kein Horn, kein Foul! Ihre Zehen waren hinter der Markierung!

Sofort rannte sie zu der Person, die die Ringe verkaufte, zog ihre American Express Gold Card hervor und sagte: „Ich kaufe einen Ring und immer, wenn ich ihn verwende, stellen Sie mir einen weiteren Dollar in Rechnung."

Dann rannte sie zur Markierung und tat das Gleiche wie zuvor, nur ließ sie den Ring diesmal nicht fallen. Sie hielt ihn fest und hielt ihn über den Stock und zog ihn weg, so schnell der Trainer zählen konnte. Nach 35 Treffern – in weit unter einer Minute – kam der Abpfiff, und der Trainer erklärte sie zur Gewinnerin des Spiels.

Wenn es funktioniert

Dank dieser mutigen, kreativen Querdenkerin: Welche Lektionen hatten wir wohl gelernt? Es waren zwei:

1. Obwohl Regeln *nicht* dazu gedacht sind, gebrochen zu werden, kann man sie dennoch *hinterfragen*. Es ist also in Ordnung, die *anerkannten* Regeln eines Spiels zu erweitern, solange man damit nur sich selbst einem Risiko aussetzt und nicht andere. (Es sei denn, diejenigen, die man dem Risiko aussetzt, wissen das und sind einverstanden!)

2. Wenn man etwas entdeckt, das funktioniert, und weiß, dass man es tun kann, dann tu es so schnell und so oft du kannst. (Machen Sie es sich zur Routine!)

Man könnte das auch so betrachten: Nachdem Sie dieses Buch gelesen haben, werden Sie den Dingen, die Sie hier gelernt haben, Ihr Bestes geben.

Wenn das funktioniert und Sie sich sicher sind, garantiert jedes Mal ein vorhersehbares, positives Ergebnis erzielen zu können, dann tun Sie das so schnell und so oft Sie können – auch wenn es *anscheinend* nur ein kleiner Spielvorteil in einem Spiel ist, das eigentlich von Toren lebt.

Weshalb? Weil Sie es mit Gewissheit jedes Mal erfolgreich tun. Und im Laufe der Zeit werden sich diese kleinen Erfolge summieren, bis Sie das GROSSE Spiel gewonnen haben!

Wenn Sie nun der unwiderstehliche Drang überkommt – und Sie wissen, von welchem Drang ich rede, dem Drang „zu stürmen und das gewinnende Tor zu schießen" –, dann sollten Sie dafür auch „gehen", sofern es natürlich für Sie in Ordnung ist.

Wie Sie Stimmigkeit erkennen? Durch das Wissen, dass es nicht von diesem Tor abhängt, dass Sie das Spiel gewinnen!

Das Spiel meistern

Meisterrekrutierer sind nicht andauernd auf der Suche nach dem Mega-Superstar. Sie schalten keine riesigen, teuren Anzeigen in der Hoffnung, dass einer der Menschen, die darauf reagieren, ihnen eine Million einbringt. Sie setzen die einfachen, soliden Schritte ein, die sie gelernt haben, und tun das immer und immer wieder. Sie tun jeden Tag das Wesentliche, und die erstaunliche Kraft der Duplikation belohnt sie dafür.

Das Meisterrekrutiererspiel ist das Spiel der Spiele im Network-Marketing. Wenn Sie erst einmal seine Geheimnisse kennen – und bisher haben wir 18 durchgenommen – ist es nur noch eine Frage der Übung, bis Sie sie gemeistert haben.

Nicht jeder will das Meisterspiel spielen. Das Meisterrekrutiererspiel verlangt einem viel ab, weil man gefordert ist, der Beste zu sein und das Beste zu tun, was man tun kann – das ist viel. Man muss arbeiten und Opfer bringen, und der Weg, für den man sich entschieden hat, stößt nicht unbedingt auf Verständnis – vielmehr stößt man meistens auf Kritik.

In Wahrheit gibt es weltweit nur wenige, die bereit sind für das Meisterspiel. Sind Sie es? Glauben Sie, das Meisterrekrutiererspiel ist es wert, gespielt zu werden?

Falls Ihre Antwort ja lautet, lesen Sie bitte folgendes Zitat. Vielleicht lesen Sie es drei oder vier Mal. Es stammt von Robert S. DeRopp und steht in seinem Buch *Das Meisterspiel*:

> Suche als Erstes ein Spiel, das es wert ist, gespielt zu werden. So lautet des Orakels Rat für den modernen

Menschen. Hast du dieses Spiel gefunden, dann spiele es so intensiv, als hinge dein Leben und deine Gesundheit davon ab. (Sie hängen davon ab.) Folge dem Vorbild der französischen Existentialisten und schwinge das Banner mit den Worten „Engagement“. Obgleich nichts irgendeine Bedeutung hat und an allen Straßen „kein Ausgang“ steht, bewege dich so, als hätte deine Bewegung Bedeutung. Falls das Leben kein Spiel zu bieten scheint, das es wert ist, gespielt zu werden, so erfinde eins. Denn selbst einer benebelten Intelligenz dürfte eigentlich klar sein, dass jedes Spiel besser ist als keins.

Obgleich man ‚Das Meisterspiel‘ gefahrlos spielen kann, ist es deshalb nicht unbedingt populär. Es ist immer noch das anspruchsvollste und schwierigste Spiel unserer Gesellschaft, und nur wenige spielen es. Der vom Glanz seiner technischen Spielereien hypnotisierte Zeitgenosse hat wenig Kontakt zu seiner Innenwelt, einem riesigen und komplexen Terrain, über das der Menschheit wenig bekannt ist. Ziel des Spiels ist wahres Erwachen, die vollständige Entwicklung der latenten Fähigkeiten des Menschen. Das Spiel kann nur von den Menschen gespielt werden, die durch die Beobachtung ihrer Selbst und anderer zu der Gewissheit gelangt sind, dass der gewöhnliche Bewusstseinszustand, der so genannte Wachzustand, nicht das höchst mögliche Bewusstsein ist, zu dem er fähig ist. Vielmehr ist dieser Zustand so weit vom wahren Erwachen entfernt, dass man ihn eigentlich nur als Form des Somnambulismus betrachten kann, als „Wachschlaf“.

Wer diese Schlussfolgerung erst einmal gezogen hat, kann nicht mehr so gut schlafen wie bisher. Er entwickelt einen neuen Wunsch, den Hunger nach wahrem Erwachen, nach vollständiger Bewusstheit. Ihm ist klar, dass er nur einen winzigen Teil dessen sieht, hört und weiß, was er sehen, hören und wissen könnte; dass er im armseligsten, schäbigsten Zimmer seiner inneren Wohnung lebt, und dass er andere Zimmer betreten könnte, die wunderschön sind und voller Schätze, und deren Fenster sich zur Ewigkeit und Unendlichkeit öffnen.

Der einsame Spieler lebt heute in einer Kultur, die sich mehr oder weniger in völligem Gegensatz zu den Zielen befindet, die er sich gesteckt hat, denn sie erkennt die Existenz des Meisterspiels nicht und betrachtet ihre Spieler als ein wenig verschroben oder verrückt. Der Spieler ist also mit den starken Gegenkräften seiner Kultur konfrontiert und muss sich mit Kräften anlegen, die sein Spiel beenden wollen, noch bevor es überhaupt angefangen hat. Nur wenn er einen Lehrer findet und sich der Schülerschar anschließt, die dieser um sich versammelt hat, kann der Spieler Ermutigung und Unterstützung finden. Ansonsten vergisst er einfach sein Ziel und verliert sich auf irgendeiner Seitenstraße.

Hier möge die Aussage reichen, dass man NIEMALS dafür wird sorgen können, dass ‚Das Meisterspiel' leicht zu spielen ist. Es verlangt dem Menschen alles ab, was er hat, all sein Fühlen, all sein Denken, all seine Ressourcen im materiellen und spirituellen Bereich. Spielt er es halbherzig, oder versucht er auf unrechtmäßigem Wege Ergebnisse zu erzielen, so läuft er Gefahr, das eigene Potenzial einzubüßen. Aus diesem Grund ist es besser, das Spiel überhaupt nicht zu spielen, als es halbherzig zu tun.

Wie ich schon sagte, wenn Sie sich diese kraftvolle Botschaft *aneignen* wollen, sollten Sie dieses Zitat drei oder vier Mal lesen. Anschließend möchte ich noch ein paar letzte Worte an Sie richten.

Bitte investieren Sie ein wenig zusätzliche Zeit in diese Handlungsschritte, denn sie sind das Sprungbrett in Ihre Zukunft im Network-Marketing!

Meine Handlungsschritte

um das Sondergeheimnis zu meistern

Meisterrekrutierer spielen das Spiel liebend gern

1) Welche Geheimnisse üben die meiste Anziehungskraft auf mich aus, mit welchen will ich also als Erstes anfangen? (Nummerieren Sie die Geheimnisse nach ihrem jeweiligen Rang durch. Benutzen Sie gegebenenfalls die Inhaltsangabe als Referenz.)

Geheimnis Nr.	**Rangordnung**
Eins	____________
Zwei	____________
Drei	____________
Vier	____________
Fünf	____________

Geheimnis Nr.	Rangordnung
Sechs	______________
Sieben	______________
Acht	______________
Neun	______________
Zehn	______________
Elf	______________
Zwölf	______________
Dreizehn	______________
Vierzehn	______________
Fünfzehn	______________
Sechzehn	______________
Siebzehn	______________
Sondergeheimnis	______________

2) Welche Geschäftsaktivitäten, *die ich jetzt bereits verrichte*, zeitigen positive und vorhersehbare Ergebnisse?

____

____

____

____

____

____

____

____

3) Welche der erwähnten Aktivitäten kann ich größer, besser und schneller verrichten, um die Ergebnisse zu beschleunigen? Und wie erreiche ich das?

Epilog

Ganz am Anfang des Buches meinte ich, es sei mein Job, Ihnen dabei zu helfen, Ihre Kompetenz im Bereich Rekrutierung zu steigern. Ich schrieb, dass Sie dank der Entwicklung Ihrer Kompetenz jenes Vertrauen gewinnen würden, das Sie brauchen, um sich beim Rekrutieren wohl zu fühlen. Und wenn Sie sich erst einmal wohl dabei fühlen, sagte ich, seien Sie auf dem besten Wege zum Meisterrekrutierer.

Ich denke immer wieder an die letzte Aussage: „Sind Sie auf dem besten Wege zum Meisterrekrutierer."

In Wahrheit waren Sie in dem Augenblick, als Sie das Buch in die Hand nahmen, bereits auf dem bestem Wege.

Sie müssen Folgendes verstehen: *Meisterschaft ist kein Endziel.* Sie kommen nicht plötzlich an – Peng! – und sind ein Meisterrekrutierer mit Visitenkarte. Sie ist kein Bestimmungsort, an dem man ankommen könnte. Meisterschaft ist auch nicht das Endresultat einer Leistung, wie ein schwarzer Gürtel oder ein akademischer Grad. Meisterschaft ist kein *Tun,* sondern eine Art zu *sein.* Meisterschaft ist eine Reise, und, lieber Leser, Sie sind ganz offenbar *genau in diesem Moment* auf dem Weg. Dazu will ich Ihnen gratulieren und Ihnen dafür Anerkennung zollen.

Definition der Meisterschaft

Lesen Sie folgendes Zitat aus der Zeitschrift *Esquire* aus dem Jahr 1987, die ganz dem Thema Meisterschaft gewidmet war. Es beschreibt auf wunderbare Weise, wovon ich spreche.

Sie verweigert sich jeglicher Definition, ist aber sofort erkennbar. Sie kommt in vielerlei Gestalt und folgt dennoch unwandelbaren Gesetzen. Sie kommt uns in den Worten des olympischen Mottos „schneller, höher, stärker," ist aber eigentlich kein Ziel oder Bestimmungsort, sondern vielmehr ein Prozess oder eine Reise.

Wir nennen diese Reise *Meisterschaft* und neigen zu der Annahme, man könne sie nur mit außerordentlichen, angeborenen Fähigkeiten machen. Aber Meisterschaft ist kein Reservat für hoch talentierte Menschen, sie braucht auch nicht die glücklichen Bedingungen eines Frühstarts. Sie steht jedem zur Verfügung, der den Weg nehmen und weitergehen will – egal wie alt oder erfahren man ist und welches Geschlecht man hat.

Allerdings gibt es nur wenige Landkarten, wenn überhaupt, die uns auf dieser Reise führen oder uns helfen können, selbst den Weg zu finden. Man kann die moderne Welt als eine ungeheure Verschwörung gegen die Meisterschaft betrachten. Wir werden bombardiert mit Versprechen der schnellen, sofortigen Befriedigung und augenblicklichen Erfolge, die allesamt in die falsche Richtung weisen.

(Playing for Keeps: The Art of Mastery in Sports and Life, Mai 1974, Herausgeber George Leonhard.)

Ich habe dieses Buch geschrieben, um Ihnen dabei zu helfen, Ihren Weg zur Meisterschaft im Network-Marketing zu *finden* und darauf zu *bleiben*. Ich hatte auch die Absicht, dieses Buch zu einem vertrauensvollen Freund zu machen, zu einer Landkarte, die Sie auf dem gewählten Weg weiterführen kann.

Wie der Artikel in *Esquire* warnte, gibt es keine „Abkürzungen“. Obwohl Sie vielleicht das Glück haben, schnelle Resultate und einige „augenblickliche Erfolge“ zu verbuchen (und ja, in diesem Buch ist genügend ausgezeichnete Information vorhanden, die Ihnen zahllose wirksame Werkzeuge und Techniken zu genau diesem Zweck an die Hand gibt), so ist es doch weit wichtiger, dass Sie die Essenz der Meisterschaft „mitbekommen“. Es ist der Weg Ihrer Wahl und die Reise, die Sie machen. Erinnern Sie sich immer wieder daran, dass der Weg der Meisterschaft ein lebenslanger Prozess ist.

Bedenken Sie auch, dass jeder Mensch einen anderen Weg geht. Ihr Weg ist einzigartig: Er sieht nicht so aus wie der von irgendjemand anderem. Und auch die Geschwindigkeit, mit der Sie den Weg gehen, unterscheidet sich. Sie werden ein wenig langsamer sein als einige und schneller als andere. Der Schlüssel liegt darin, sich auf den Weg zu machen – seinen eigenen Weg – und darauf zu bleiben.

Sie haben, was man dazu braucht!

Meisterschaft erfordert noch eins!

Die meisten Menschen werden nicht zum Meister, weil es ihnen an etwas mangelt. Es fehlt ihnen etwas, das Sie meiner Meinung nach haben.

Wissen Sie, was es ist? Denken Sie einen Moment darüber nach? Was könnten Sie möglicherweise haben, was anderen fehlt?

Es nennt sich *Mut*!

Vielleicht können Sie das nicht so einfach glauben, aber es stimmt. Der einzige Grund, weshalb Sie auf dem Weg zur Meisterschaft sind, während zahllose andere immer noch davon träumen und darauf hoffen, ist Ihr Mut.

Man könnte sagen, das Wort Mut besteht aus drei anderen Worten. Und wenn Sie diese wirklich verstehen, wissen Sie auch, weshalb Sie Mut haben und er so vielen anderen fehlt. Aber noch wichtiger ist, dass Sie dann wissen, wie Sie anderen Mut machen und ihnen helfen können, den eigenen Weg zur Meisterschaft zu nehmen.

Hier die drei Worte, die Meisterschaft definieren.

Das **erste** Wort ist *Engagement*. Damit ist die Selbstverpflichtung gemeint, der Beste zu sein, der Sie sein können. Offensichtlich sind Sie engagiert, denn Sie haben dieses Buch komplett gelesen.

Das **dritte** Wort ist *Aktivität* – die Bereitschaft, Ihrer Selbstverpflichtung gemäß zu handeln. Die Handlungsschritte zur Meisterschaft, die Sie am Ende jedes Kapitels definiert haben, sind nun zu Ihrem Handlungsplan geworden – Ihr persönlicher Weg zu meisterhafter Rekrutierung. Und ich bin mir sicher, dass Sie Ihren Plan *durchführen* werden.

Es ist jedoch das zweite Wort, *zwischen* Engagement und Aktivität, das den Mut wirklich definiert.

Ohne dieses Wort wüssten Sie nicht mal, was Mut ist! Nein, *Angst* ist es nicht – aber Sie sind nahe dran!

Das **zweite** Wort ist *Zweifel*!

Der Unterschied zwischen Ihnen und den anderen dort draußen ist, dass Sie gelernt haben, dass Sie durchaus an etwas zweifeln können – *und es dann trotzdem tun*! Sie haben gelernt, mit Zweifeln umzugehen und sie durchzuarbeiten. Die meisten Menschen sind jedoch in ihren Zweifeln gefangen. So haben sie keine Zweifel, sondern *ihre Zweifel haben sie.*

Natürlich haben Sie Zweifel. Haben wir alle. Sowie wir uns für etwas engagieren, kommen Zweifel auf. Zweifel gehören einfach dazu. Man kann sich nicht engagieren, ohne Zweifel zu hegen.

Der Grund für Ihren Mut liegt darin, dass Sie über Ihre Zweifel hinausgehen ins strahlende Licht der Aktivität.

Also, liebe Leser: Mut ist nicht die Abwesenheit von Zweifeln, sondern dass man sie gemeistert hat!

Deshalb sind Sie auf dem Weg

Erinnern Sie sich noch daran, dass ich meinte, in dem Moment, wo Sie dieses Buch in die Hand genommen haben, seien Sie auf dem bestem Wege, ein Meisterrekrutierer zu werden?

Wissen Sie, warum ich das wusste? Weil Sie dieses Buch zu Ende gelesen haben. Denken Sie an all die Zweifel, mit denen Sie sich unterwegs auseinandergesetzt haben. Und dennoch haben Sie das Notwendige getan, um diese Reise zu beenden.

Warum? Sie wissen, warum. Weil Sie sich dazu verpflichtet haben, *der Beste zu sein, der Sie sein können.* Sie haben Ihre Vision vor Augen, das klare, lebendige Bild, wer Sie sein möchten. Und es ist diese strahlende Vision, die Ihnen den Mut gibt, Zweifel zu meistern.

So macht man übrigens auch anderen Mut. Erinnern Sie sie dauernd daran, *was sie sein möchten*. Helfen Sie ihnen, eine eigene Vision zu schaffen und sie vor Augen zu halten.

Dann, wenn sie anscheinend in Zweifeln gefangen sind, machen Sie sie darauf aufmerksam! Und sagen Sie ihnen, dass das Einzige, was sie daran hindert, ihre Vision zu *leben*, der fehlende Mut ist, ihrer Vision entsprechend zu handeln.

Also, lieber Meisterrekrutierer, ich möchte Ihrer Vision und Ihrem Mut, danach zu handeln, erneut Anerkennung zollen. Und ich möchte Sie ermutigen, immer auf dem Weg der Meisterschaft zu bleiben.

Schauen Sie doch mal, wie weit sie schon gekommen sind. Und, wie wir beide wissen, verdienen Sie es wirklich, *der Beste zu sein, der Sie sein können*.

Möge Ihre Reise glorreich und voller Überfluss sein.

Ihr Freund und Mitreisender,

John

Über den Autor

„Als ich 1985 *Millionaires in Motion* gegründet habe,“, meinte John Kalench, „gab es in der Network-Marketing-Branche ein echtes Bedürfnis an gradliniger Bildung. MIM hat diese Lücke in weiten Bereichen gefüllt.“

John Kalench, einer der führenden Trainer, Berater und Visionär der Network-Marketing-Branche, lernte das Network-Marketing erstmals 1979 kennen. In den acht Jahren danach baute John drei äußerst profitable Networks auf und wurde zum Präsidenten, CEO und Mehrheitsaktionär seiner eigenen Network-Marketing-Firma.

1985 hatte John die Spitzenposition eines Networks von tausenden Geschäftspartnern inne. Er schuf *Millionaires in Motion*, um seinem Network spezielle Trainingsprogramme anbieten zu können.

Johns Trainingsprogramme wurden sofort dankbar von seinen Spitzenkräften angenommen, und so beschloss er im Februar 1987, MIM zu einem unabhängigen Trainingsunternehmen für die gesamte Network-Marketing-Branche umzugestalten. Zu diesem Zweck trennte MIM sich von seinen finanziellen Belangen in spezifischen Unternehmen – Training und Beratung wurde zum einzigen Geschäft.

Seither haben weltweit tausende Unternehmer der Network-Marketing-Branche an Johns Seminaren teilgenommen und seine Workshops absolviert. Spitzen- und Führungskräfte unterschiedlichster Network-Marketing-Firmen haben sein Fachwissen als Berater genutzt, um ihre Geschäftsstrategien zu verbessern und zu erweitern.

Zwei Jahre nacheinander wurde MIM mit dem President's Award der MLMIA (Multi-Level Marketing International Organization) für hervorragendes Training ausgezeichnet.

„Wir haben ein ganz einfaches Ziel.“, sagte John.

„Wir wollen *Ihre* Network-Marketing-Trainingsfirma sein.“

John Kalench verstarb im Mai 2000.
Seine Frau Yvonne führt das Unternehmen
in seinem Sinne weiter.

Weitere Publikationen von John Kalench und anderen Autoren zum Aufbau Ihres Network Marketing Geschäfts erhalten Sie beim Verlag.

MLM Training Fachverlag und Trainingsinstitut für Direktvertriebe GmbH
Sattlergasse 3
A-6424 Silz
Austria
www.mlm-training.com
Tel.: +43-(0)5263-20048
Fax: +43-(0)5263-20058
Email: info@mlm-training.com